inner-community

都心周縁コミュニティの再生術

既成市街地への臨床学的アプローチ

編｜日本建築学会

community

inner

学芸出版社

はじめに

脱成長時代を迎えた三大都市圏や政令指定都市には、都心の近くにありながら物理的環境の更新から取り残され、空洞化する地域が多く見られます。その背景には、住民や事業所の流入が停滞・固定化して、社会構成のバランスが崩れ、人口減少・超高齢化やコミュニティの弱体化が進むといった社会的環境の問題があるのではないでしょうか。

近年、こうした地域の問題を解決し、地域を再生するために、古い建物のリノベーション、小さな単位での建物の共同化、オープンスペースの創造と活用といった、コミュニティ・ベースの小規模な事業の実施をとおして、その積み重ねと面的広がりによって、市街地の物理的・社会的環境の再生へと展開していく取り組みが注目を浴びています。私たちは、このような取り組みに、大きな可能性を感じています。

本書では、大都市の都心周縁部にあって、社会的環境の持続性を喪失し、物理的環境も更新されず、停滞・空洞化する地域を「インナーコミュニティ」と呼びます。これまでのように「インナーシティ」と呼ばないのは、地域の停滞・空洞化問題の根源と、その問題を解決する地域再生のアプローチの両方が、コミュニティに根ざしていると認識しているからです。

「インナーコミュニティ」ではすでに、空間需要が低下して開発圧力が弱まった「ゆるい市場」のなかで、事業家、企業、NPO、行政が市街地の「空洞」に介入し、弱みを強みに変えるという新しいアプローチを通した地域再生（「インナーコミュニティ再生」）の試みが次々と出現しています。

本書のねらいは、現時点では実験あるいは試行錯誤の段階にある「インナーコミュニティ再生」が、今後の都市更新における一つの有力な類型になると認識したうえで、事例分析とそれに基づく理論的考察を通じてそのアプローチを一般化し、それを支援する手法や制度のあり方を検討することにあります。本書で扱う事例のほとんどは三大都市圏のものですが、一般化したアプローチやそれを支える手法や制度の本質は、より小規模の都市における同様の取り組みにも、十分に適合するものだと考えられます。「インナーコミュニティ再生」に取り組む事業家、企業、ＮＰＯ、行政の実務家、今後の都市更新のあり方を検討する研究者、都市計画・都市デザイン・まちづくり分野の今後を担う学生に、読んでいただきたいと思います。

なお、本書は、日本建築学会都市計画委員会の「選択可能な市街地環境整備とインナーコミュニティまちづくり小委員会（略称：インナーコミュニティ再生小委員会）」（２０１５年度〜２０１８年度）の研究成果を２０１９年４月に設置された「大都市インナーコミュニティ持続再生ＷＧ」でとりまとめたものです。この小委員会は、従来の地区計画等の手法を踏まえながら、街区、街区群、地区レベルの市街地空間の再生・整備と建築の再生・コンバージョンの手法を組み合わせ、コミュニティベースの小規模なまちづくり計画・事業を通した面的な市街地環境整備の計画方法・事業制度を調査研究し、具体的なフィールドで実装化のための検討を行うために設置されました。小委員会およびＷＧの運営や本書の出版にあたっては、歴代の都市計画委員長である有賀隆教授、鵤心治教授、小浦久子教授、野澤康教授に大変お世話になりました。ここに深く感謝申し上げます。

２０２１年11月

日本建築学会都市計画委員会大都市インナーコミュニティ持続再生ＷＧ

目次

4章 災害脆弱性への取り組みを、新しい価値の創造につなげる　111

5章　インナーコミュニティ再生へのアプローチ

序章

インナーコミュニティの衰退と再生

序-1

都心周縁の停滞と空洞化、そして再生へ

大都市都心周縁部の停滞と空洞化

脱成長時代を迎えた大都市の都心周縁部では、大規模再開発事業、マンション建設、密集市街地の改善、歴史的市街地の保全・再生などの取り組みを通じて市街地の物理的環境の更新が進む地域がある一方、市街地の物理的環境の更新が停滞すると同時に、人口減少・超高齢化や住民や事業所の流動の停滞、コミュニティの弱体化といった社会的環境の課題を抱え、停滞そして空洞化する地域も少なくない。本書では、このような、既存の取り組みでは物理的環境の更新が進まず、社会的環境の課題を抱えて空洞化が進む、あるいは今後空洞化が進む可能性のある大都市の都心周縁部の地域を「インナーコミュニティ」と呼ぶ。

一方、近年、若年層を中心とするライフスタイルの変化や産業構造の転換にともなう床需要の変化により、高密度、用途複合、ヒューマンスケール、居住者の多様性、都心へのアクセスの良さといった特徴を持つインナーコミュニティが再評価さ

れ、小規模事業家、企業、NPO、行政が市街地の「空洞」に新しいアプローチで介入する事例が注目されつつある。こうした事例の多くでは、空間需要が低下し開発圧力が弱い「ゆるい市場」のなかで、古い建物のリノベーション、小さな単位での建物の共同化、オープンスペースの創造と活用といったコミュニティ・ベースの小規模な事業が実施され、その積み重ねと面的広がりが、市街地の物理的・社会的環境の再生へと展開している。本書では、こうした取り組みを「インナーコミュニティ再生」と呼ぶ。

ところで、このようにインナーコミュニティへの注目が高まり、再び開発圧力が強くなり、大規模再開発事業やマンション建設が進行するようになると、そこでは都市更新が進み、もはやここで定義した「インナーコミュニティ」ではなくなる。[注1]つまり、ある地域を見たときインナーコミュニティは「過渡的」であるかもしれない。また、都市全体を俯瞰的に見れば、あるところでインナーコミュニティが新たに発生したり、消滅したりする。そのような意味で、大都市都心部周縁部のあちこちで発生したり消滅したりするインナーコミュニティは「動態的」であるとも言える。

低成長時代・成熟時代の日本の都市計画は、産業の持続的成長に貢献しつつ、人口減少・超高齢社会への適応、環境負荷の低減、防災・減災といった課題に応答しなければならない。それも、新しい都市や街を更地からつくるのではなく、成長時代に形成された都市の物理的・社会的環境をこれからの時代に見合うものへと再構成していくことが求められる。

注1　都市は本来、老朽化や陳腐化などによって地域環境が悪化しても、絶え間ない投資運動とそれにともなう新陳代謝によって、自律的に回復する力を有している。インナーコミュニティではそのような回復力が毀損されて停滞に陥っているが、再生プロセスのなかで回復力が復活すると、市場価値と潜在価値のギャップにより投資の意欲が刺激され、新陳代謝が活発化する。そして地域環境が再整備されるのにともない市場価値は底を打ち、ギャップは徐々に縮小へと向かう。このような市場性の再獲得過程で、社会階層の上方移動（ジェントリフィケーション）が生じる場合がある。

図１　インナーコミュニティの眺め（荒川区・三河島駅付近）

図２　住商工が混在するインナーコミュニティの風景（荒川区）

また、世界的に見れば、持続可能性やレジリエンスの向上が都市計画の共通目標となっている。国連の「持続可能な開発目標（SDGs）」（2015年）の一つは、「都市と人間の居住地を包摂的で安全、レジリエントで持続可能にすること」である。ロックフェラー財団のレジリエント都市に関わるプロジェクト（100 Resilient Cities）によると、都市のレジリエンスとは「いかなる進行性のストレス（高い失業率、公共交通システムの不備、食糧や水の不足など）や突発的なショック（地震、浸水、病気の発生、テロなど）があっても都市内の個人、コミュニティ、機関、事業者、システムが生き残り、適応し、成長する能力」を指す。持続可能性やレジリエンスの向上に都市計画・地域再生はどう応答すれば良いのか。[注2]

インナーコミュニティの再生は、こうした文脈のなかで位置づけられ、展開されるべきものである。

仮説としての「インナーコミュニティ問題」

大都市の都心周縁部の空洞化現象は、一般には「インナーシティ問題」として知られ世界各地で事例が報告されてきたが、その様相や発生メカニズムは国や地域によって多様である。米国ではインナーシティ問題は、地域の経済的衰退とともに民族の問題と深く関わっており、都市の郊外化のなかで都心周縁部から居住者（主に中堅ファミリー層）が流出した後の空洞へ移民を中心とする低所得者が住み着き、治安悪化や都市機能低下を引き起こして、富裕層のさらなる離脱を招いてゲットー

注2　今後の地域再生では、直面する問題だけでなく、持続可能性やレジリエンスの向上などの世界共通課題にも目を向け、地域の物理的・社会的環境をより高次のものへと再生していくことが望まれる。

化する事例が多くみられる。[注3] 一方、日本においては、少数民族問題が欧米に比べて顕著ではなく、[注4] 都市型工業の衰退や、中堅ファミリー層の居住地が郊外化するなかで都心付近の一部市街地が空洞化し、資本活動のダイナミズムから取り残されて都市機能の低下が生じるという経済的事象に起因する側面が大きいと考えられる。
いずれにせよ、このように国や地域によって多様なインナーシティ問題の多くに共通するのは、都市の郊外への拡張（郊外化）が重要な影響因子として機能していたことである。しかし、今日のわが国では、郊外開発はすでに鈍化しており、むしろ都心居住や駅ちか居住が進む傾向にある。そのなかで、大都市都心周縁部にあっても、新規居住者がさかんに流入している地域がある。[注5]
問題は、そうしたなかでさえ停滞・空洞化をつづけている取り残された周縁的地域が存在することである。そこには、従来のインナーシティ問題とは異なる発生メカニズムの存在が窺われる。すなわち、従来は拡大する空間需要と郊外化のかたわらで、過小評価され取り残された都心周縁部の停滞が問題となったのに対して、近年では、都心に回帰しつつある空間需要を、何らかの原因でうまく取り入れることができず、停滞から抜け出せない状態に陥っている現象が問題となる。
そうした停滞を続ける地域では、どのような都市的問題がいかなる背景のもと生じているのか。詳しい実態分析は次章以降に譲るとして、ここでは本書が主眼を置く、脱成長期を迎えた大都市の都心周縁部における停滞と空洞化にまつわる諸問題について仮説的に整理しておきたい。

注3 竹田有「都市空間と職場、エスニシティ、人種―フィラデルフィアとシカゴを例として」『高円史学』8、1～16頁、1992年。
注4 中林一樹「大都市の内部市街地に関する研究（1）」『総合都市研究』第19号、115頁、1983年。
注5 たとえば東京都文京区・台東区にまたがる「谷根千（谷中、根津、千駄木）」は、大規模な戦災を免れ昔の町並みが残る住商混在地区であるが、近年若者やファミリー層を中心に人気が高まるなど、居住地としての再評価が進んでいる。

問題の鍵を握っていると考えられるのは、都心部に近く潜在的には地域の空間利用価値が高まっているにもかかわらず、新しい住民や事業所の流入が滞ることで、社会の構成員が固定化する「社会的停滞」が生じていることである。家賃等の居住・営業コストが相対的に低いので、比較的家賃負担能力に乏しい既存の居住者・事業者はコストの低い地域内に留まろうとすること、住み替えや再投資をともなう建物更新に消極的な高齢居住者が多いことなども影響していると考えられる。

もちろん既存の居住者・事業者が地域内に住み続けられること自体は、持続的なコミュニティ形成の基礎をなすもので、望ましいことではある。しかし構成員の固定化が過度なものとなり、地域に新規参入者が入りこめなくなると、地域の社会構成バランスが偏って（たとえば高齢化、独居世帯の増加など）、持続性を著しく低下させる懸念がある。その影響は長期間かけて進行するので、知覚されないまま課題が深刻化してしまうことも多い。そして、たとえば地域内で生鮮食品が手に入る手頃な商店が経営できなくなり撤退する、コミュニティ活動の担い手が高齢化して住民自治が維持できなくなるといった局面で、脆弱性が一気に露呈することになりかねない。既存の居住者・事業者のニーズを汲み取りつつ、ある程度の構成員の入れ替わりを促し、緩やかに都市更新を促していくことが必要である。

このように、脱成長と再都市化を背景とした、大都市都心周縁部の停滞の要因として、社会の構成員が固定化する「社会的停滞」のために、新しい住民と事業所が流入するための余地が乏しく、その地域本来のポテンシャルが十分に引き出されていないことが推察される。都市拡大期における都心周縁部の課題（古典的な「インナーシティ問題」）とは、その性質と発生過程が異なるのである。問題の中核が地域の社会的環境にあるとすれば、それに対処するための再生のアプローチもまた、地域コミュニティを軸とした社会的環境の持続再生の観点に立ったものである必要があろう。そこで、脱成長期の都心周縁部が抱える課題を「〝インナーコミュニティ〟問題」として新たに位置づけを与え、古典的な「〝インナーシティ〟問題」と区別して把握するということが、今日の都心周縁部再生について考える出発点となるだろう（表1）。

「弱みを活かし、強みにする」インナーコミュニティの再生

インナーコミュニティの再生とそれを扱う視点を改めて整理すると次のようになろう。

まず、3大都市圏や政令指定都市の都心周縁部で見られるインナーコミュニティとは、市街地の物理的環境の更新が停滞すると同時に、人口減少・超高齢化や人口流動の停滞、コミュニティの弱体化といった社会的環境の課題を抱え、空洞化する地域である。そうした地域における再生事例は、空間需要が低下し開発圧力が弱い「ゆるい市場」のなかで、古い建物のリノベーション、小さな単位での建物の共同化、オープンス

表1　インナーコミュニティ問題とインナーシティ問題の比較

	インナーコミュニティ問題 （潜在需要にもかかわらず停滞から抜け出せない都心周縁部）	インナーシティ問題 （需要から取り残され停滞する都心周縁部）
都市の発展段階	成熟・再都市化	成長・郊外化
発生箇所	都心回帰の中でも停滞から抜け出せない、都心周縁部の地域	郊外への人口流出の中で取り残された、都心周縁の島状地帯
発生する都市問題	生活基盤の弱体化、空き家・空きスペース、空き地の発生	生活基盤の弱体化、空き家・空きスペース、空き地の発生
社会全体の開発需要	小	大
局所的開発需要	中（都心回帰）	小（郊外志向）
直接的発生要因の所在	内在・外在的（内外の経済活動エネルギー低下、更新の物理的余地の不足）	外在的（魅力的郊外との比較劣位）

ペースの創造と活用といったコミュニティ・ベースの小規模な事業が実施され、その積み重ねと面的広がりが市街地の物理的・社会的環境の再生へと展開しているものである。

「インナーコミュニティ」の問題は、古典的な「インナーシティ」の問題とは異なる。後者は、都市の成長・郊外化の過程のなかで取り残されてしまった都心部周縁の島状地帯で、社会全体としては大きな開発需要があるなか、魅力的な郊外との比較のなかで劣位になってしまい生活基盤が弱体化した地域の問題である。一方、前者は、都市の成熟化・再都市化の過程のなかで、都心回帰が進み、局所的には市街地の再開発や保全が進んでいるにもかかわらず、社会全体としては開発需要が小さく市街地更新の物理的余地も不足していることなどから、停滞から抜け出せない都心周縁の地域である。

こうしたインナーコミュニティ問題には、「万能薬」はない。しかし、問題そして大きな可能性がある以上、それに何らかの対応を検討したいという想いがインナーコミュニティ再生に関する研究の原動力となっている。5章7節で提案する「市街地再生への臨床学的アプローチ」というアプローチ[注6]は、インナーコミュニティ問題を抱える地域を「患者」、市街地の物理的・社会的環境の形成に携わるプランナーやアーバン・デザイナー、コミュニティ・オルガナイザー、建築家などの専門家を「医者」と捉え、インナーコミュニティの再生術を体系的に捉えようとするものである。市街地の物理的・社会的環境に関わる病気（問題）の診断、その適切な予防

注6　環境問題を解決するアプローチを人間の病気を治療する医学とのアナロジーで説明した『臨床環境学』（渡邊誠一郎、中塚武、王智弘編、名古屋大学出版会、2014）を参考に、現場での診断、予防、治療、経過観察を繰り返していく都市計画・まちづくりのあり方を「市街地再生への臨床学的アプローチ」と名づけた。またこのアプローチでは市街地再開発事業、都市計画道路整備といった大きな外科手術（西洋医学的アプローチ）ではなく、ツボ押し（東洋医学的アプローチ）によってインナーコミュニティを再生していくことを重視している。

と治療、さらに治療の副作用の予測や防止、「経過観察」にいたるまでの過程、その繰り返しである。さらに、インナーコミュニティの再生には、市街地の悪い部分を特定し、それを除去改善しようとする西洋医学的アプローチよりも、市街地の自己治癒力を回復するような東洋医学的アプローチのほうが適していると考えるからだ。まちの不調のもとになっている部分を否定して取り除くのではなく、体質改善のツボとして着目し再生のきっかけとする、そうした「弱みを活かし、強みにする」態度が有効なのではないか。

本書は、以上のような視点で、インナーコミュニティ再生の事例を分析し（1〜4章）、こうした事例からの学び（5章）を考察し、インナーコミュニティ再生を社会的な仕組みとしてサポートするための手がかりを提示するものである。

（村山顕人・山村　崇）

参考文献

・渡邊誠一郎、中塚武、王智弘編『臨床環境学』名古屋大学出版会、２０１４年。
・村山顕人「「臨床都市環境学」の実践に向けて」財団法人名古屋都市整備公社名古屋都市センター『名古屋プロジェクト診断２０１０報告書』２０１０年。

序-2

再生の芽を見つける──事例の捉え方

インナーコミュニティ再生の事例は、概念的には、「対象」「再生主体」「再生アプローチ」に分解して捉えることができる。また、再生の取り組みを「評価」すること、「計画・事業制度」によって支えることも重要である。ここでは、事例のこのような要素について整理したい。

まず、対象については、序－1で述べたように、大都市の都心周縁部のうち、市街地の物理的環境の更新が停滞すると同時に、人口減少・超高齢化や住民や事業所の流動の停滞、コミュニティの弱体化といった社会的環境の課題を抱え、空洞化する地域である。高密度、用途複合、ヒューマンスケール、居住者の多様性、都心へのアクセスの良さといった特徴を持ち、「空洞」への介入によっては、不動産が流動化し、経済が回る可能性がある地域である。こうした地域はどこにあり、そこで何が起こっているのか。また、空洞化の要因は何か、どのような再生の資源があるのか。取り上げた事例は、商業業務地、繊維問屋街、歴史的市街地、密集市街地などに位置している。

次に、再生主体については、事業家、企業、産業団体、NPO、まちづくり団体、町内会、行政、大学など多様な仕掛人と支援組織が存在する。どのように主体形成と組織化がなされたのか、「仕掛人がその気になる」「仲間を募る」「地域との関係構築」などの着目すべきポイントがあろう。また、公共事業やボランティアには限界があるので、再生ビジネスの成立、つまり、経済的に持続可能なインナーコミュニティ再生を目指したい。

再生のアプローチについては、一般的には、市街地の「空洞」を対象にコミュニティ・ベースの小規模な事業が実施され、その積み重ねと面的広がりが市街地の物理的環境・社会的環境の再生へと展開するものである。そこには、アート、クリエイティブ産業、低炭素・低環境負荷、民泊・観光、密集市街地解消＋α、新産業インキュベーションなど選択可能なテーマがある。また、どの事例にも共通するテーマとして、エリアブランディング、さまざまな形でのビジョンがあろう。再生の方法は、医学の用語で説明すると診断・治療・経過観察であり、キーワードとしては、西洋医学的アプローチ、東洋医学的アプローチ、メンタル・カウンセリング、ターミナル・ケアなどがある。不動産活用の型としては、仲介・転貸・売買・権利変換が見られる。

そして、評価については、インナーコミュニティ独自の持続性評価やレジリエンス評価がありそうである。評価項目のうち、環境的側面としては、物理的環境の変容（活動のしやすさ・暮らしやすさ向上、環境負荷低減）、社会的側面としては、ジェ

事例

対象、再生主体、再生アプローチに分解して捉える

＝

対象
空洞化要因
再生の資源

・大都市の都心周縁部のうち、市街地の物理的環境の更新が停滞し、人口減少・超高齢化や人口流動の停滞、コミュニティの弱体化といった社会的環境の課題を抱え、空洞化する地域
・高密度、用途複合、ヒューマンスケール、居住者の多様性、都心へのアクセスの良さ
・不動産が流動化し、経済が回る可能性がある地域

再生
主体

多様な仕掛人と支援組織：事業家、企業、産業団体、NPO、まちづくり団体、町内会、行政、大学
主体形成と組織化：仕掛人がその気になる、仲間を募る、地域との関係構築
再生ビジネスの成立：公共事業やボランティアの限界、収益性のあるインナーコミュニティ再生へ

X

コミュニティ・ベースの小規模な事業*の積み重ねと面的広がりが市街地の物理的環境・社会的環境の再生へと展開
選択可能なテーマ（複数可）：アート、クリエイティブ産業、低炭素・低環境負荷、民泊・観光、密集市街地解消＋α、新産業インキュベーションなど
共通するテーマ：エリア・ブランディング、ビジョン
再生の方法：診断・治療・経過観察：西洋医学的アプローチ、東洋医学的アプローチ
不動産活用の型：仲介、転貸、売買、権利変換

∧
∧
∧

インナーコミュニティ独自の持続性評価
環境：物理的環境の変容（活動のしやすさ・暮らしやすさ向上、環境負荷低減）
社会：ジェントリフィケーションが起こっていないか、寛容性
包摂性経済：再生を通じて不動産が流動化しているか、経済が回っているか（建設産業、DIY関連産業）

再生を支える
計画制度の構築
・スタート・アップ支援・セイフティ・ネット
・容積を上げない建て替え・再開発
・不動産の暫定利用、所有と利用の分離
・グレー・ゾーンの許容：誰が責任を
・持続性を高める取り組みへの投資（ESG投資）：要客観的評価

*古い建物のリノベーション、小単位での建物の共同化、身の丈再開発、オープンスペースの創造と活用など

図1　インナーコミュニティ再生事例を捉える枠組み

ントリフィケーション、寛容性、包摂性などがある。さらに経済的側面としては、再生を通じて不動産が流動化しているか、経済が回っているか（建設産業、ＤＩＹ関連産業）などの視点がある。加えて、みんなが前向きに元気になっているかの評価や、都市圏全体から見たときの評価も重要であろう。

事例分析から、インナーシティ再生を支える計画・事業制度の検討につなげたい。キーワードとしては、スタートアップ支援・セイフティネット、容積を上げない建て替え・再開発、不動産の暫定利用、所有と利用の分離、グレーゾーンの許容（誰が責任を負うのか）、持続性を高める取り組みへの投資（ＥＳＧ投資）などが挙げられる。

次章以降では、以上のような概念的な枠組みでインナーコミュニティ再生の事例を分析している。そして、13の事例を、どのような「空洞」あるいはそれに関わる「弱み」を対象に、どのようなアプローチでそれらを「強み」に変えているのかという視点で、「建物の余裕を活用し、エリアの価値を転換させる」「オープンスペースを再生し、まちづくりを加速させる」「見えづらくなった地域の物語を編みなおす」「災害脆弱性への取り組みを、新しい価値の創造につなげる」の四つの大きなテーマに分類して掲載した。

（村山顕人）

1 章

建物の余裕を活用し、エリアの価値を転換させる

1-1

空きビルの社会的企業によるアフォーダブル空間化

松戸市中心市街地ＭＡＤ Ｃｉｔｙ

千葉県松戸市の中心市街地である松戸駅周辺では、伊勢丹の撤退をはじめとして商業等の機能集積が損なわれるとともに、将来的な人口減少が見込まれ、空きビルの発生をはじめとして、複合的に市街地の空洞化が進行しつつある。そのエリアを「ＭＡＤ Ｃｉｔｙ」と名づけて活動する「(株)まちづクリエイティブ」は、営利事業を試行錯誤しながら展開する社会的企業であり、再生を牽引する主体である。財政緊縮の進む行政や、事業採算性により参入場所が限定された民間事業者、高齢化が進んで地域活動等の担い手が不足した市民のいずれも、仕掛け人として継続的に再生に関われるとは限らない状況にあるなかで、社会的企業は市街地再生を担う有力な仕掛け人である。本稿では、社会的企業が空きビルをアフォーダブルな住宅やアトリエとして再生する小規模不動産事業を通じて起業していく再生事例を取り上げる。本事業は空きビル(家)を活用した建て替

図１　MAD City 区域図（出典：国土地理院基盤地図情報を加工）

えのともなわない改修・転用であるとともに、所有権の移転しないサブリース方式であることで、短期間に点の事業を集積させ、市街地再生に資する面的な展開にいたっている。

DIYを前提とするアフォーダブルな不動産転貸事業

(株)まちづクリエイティブは、自立的な地域活性をデザインするまちづくり会社を標榜しており、松戸アートラインプロジェクト(MALP)をきっかけに松戸地域と関わりを持ち、小規模不動産事業を主要な事業として、創造的な人々が集まる仕組みづくりや地域と密着した体制づくりを通じて、移住定住促進や起業支援まで、新たな地域事業の創出に取り組む社会的企業である。MALP2010開催直後の2011年にクリエイティブな自治区をつくることを目標に掲げて、MAD Cityの取り組みを開始し、2014年には助成金等の補助財源によらずに単年度黒字化を達成した。その後MAD Cityが市街地再生の手法とみなされるようになり、2016年から他地域へのコンサルティング業務を本格的に開始している。

MAD Cityは、松戸駅周辺半径500m圏(中心点はまちづクリエイティブの事務所)を対象として、地域に残る空

図2　松戸アートラインプロジェクト(MALP)等での取り組み／MAD Wall

き家の利活用とクリエイティブ活動を結びつけ、移住定住の促進に加えて、クリエイターの活動サポートや事業開発支援によってまちの活性化を図る取り組みである。主幹事業は転貸を主とする不動産事業で、過去数年間借り手のほぼなかった空き家に近い不動産を、土地建物所有者から廉価に借り上げて原状復帰義務なしで居住者に転貸し、居住者がＤＩＹにより改修していくことで事業主体の初期投資を抑え、アフォーダブルな住居等の賃貸事業を行っている。居住者のターゲット層は、創作活動を行って発信したり、自分の技能をＭＡＤ Ｃｉｔｙを介して宣伝し、習い事教室のようなイベントを実施して地域のアメニティを高めたりする「クリエイティブ・クラス」[注1]である。まちづクリエイティブは、居住者に業務委託して起業支援を実施しているのに加え、活動を発信できる施設の運営も行っている。

起業の過程を通じたインナーコミュニティ再生

一連の取り組みの展開過程は、試行錯誤しながら事業構築する点で、新規事業構築に類似している。そこで、新規事業構築プロセスの枠組み[注2]を参照して、次の3段階に分けて取り組みのプロセスを整理した。一つ目は事業を立ち上げて課題と解決

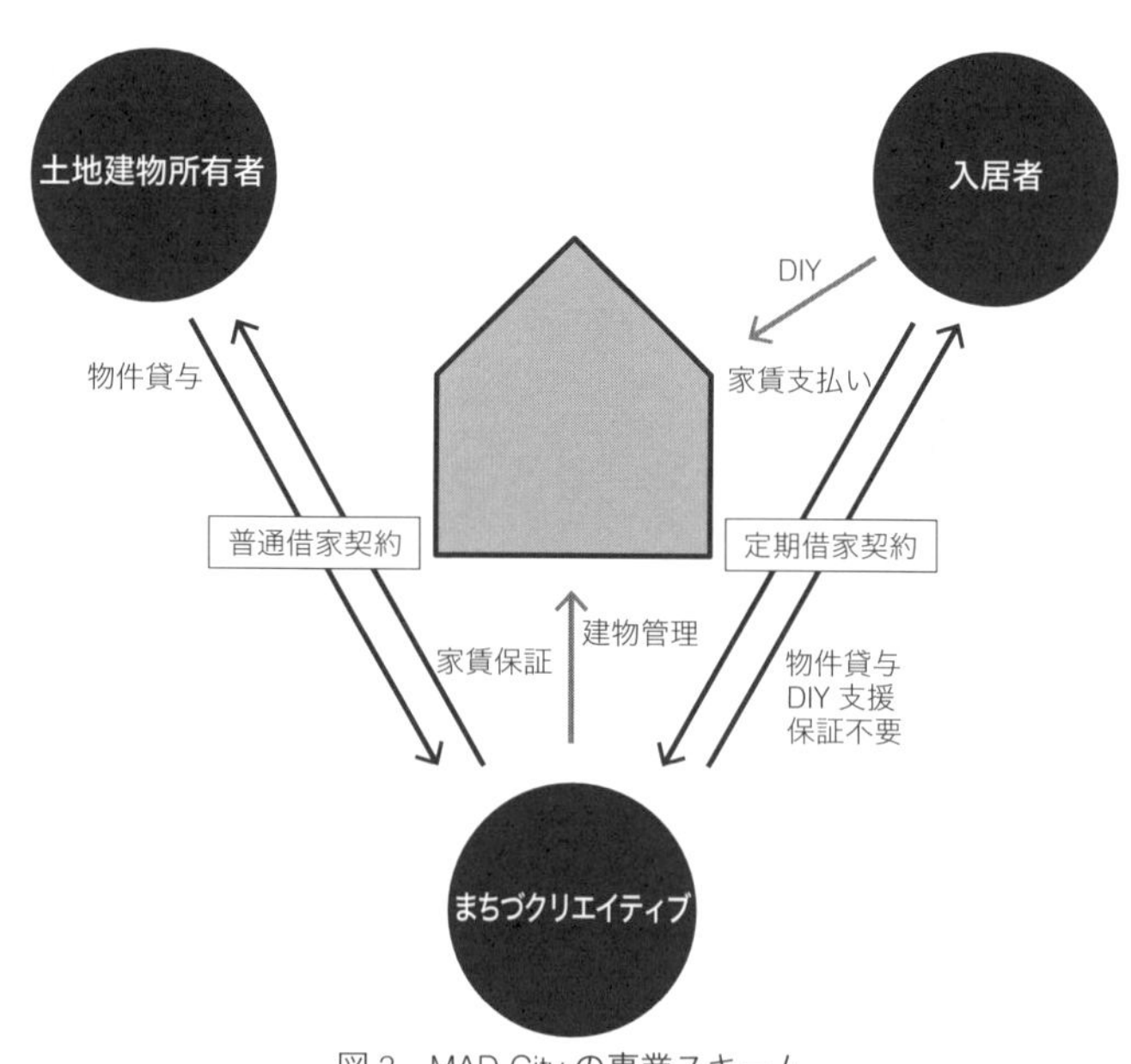

図3　MAD City の事業スキーム

策の整合性を検証する事業構築（PSF：Problem Solution Fit）段階の「①立ち上げ期」、二つ目は事業と市場（まち）との整合性を検証して事業の収益性に目処を立てる市場探索（PMF：Product Market Fit）段階の「②確立期」、三つ目は手法を定式化して事業を拡大する資源投入（Resources Mobilization）段階の「③拡大期」である。①立ち上げ期と②確立期の境界は転貸事業の立ち上げの時点とし、②確立期と③拡大期の境界は事業の黒字化達成時点と定義して、以降に取り組みのプロセスを述べる。

まず、立ち上げ期では、事業主体であるまちづクリエイティブの代表取締役である寺井元一氏が、壁画アート事業「ＭＡＤ ＷＡＬＬ」への参画依頼を受けて松戸地域に関わり始めた。そして、ＭＡＬＰを介して既存の地域主体や土地建物所有者と関係構築を行うとともに、地域や活動の課題と目標を認識し、その解決策として不動産事業立ち上げにいたった。ＭＡＬＰ２０１０において、寺井氏が、松戸市の担当者とともに土地建物所有者との会場提供交渉を行うなかで、後の転貸事業立ち上げを見越して不動産を事業主体名義で借りていた。

次に、確立期では、立ち上げた不動産事業を黒字化させ事業手法を確立させるとともに、組織体制・事業手法両面から発展可能性を検証した。ＭＡＬＰ２０１２では、事業主体は松戸駅周辺の町会連合組織「松戸まちづくり会議」の立ち上げを主導し、その若手会であるワーキングチーム内の八つのグループ（分科会）による、地域課題解決につながる日常的な活動を共同実施し、地域全体として取り組みの継

注1　リチャード・フロリダ（著）井口典夫（翻訳）『クリエイティブ・クラスの世紀』（ダイヤモンド社、２００７年）におけるスーパークリエイティブコアを指す。
注2　リーンスタートアップの枠組みを指す。

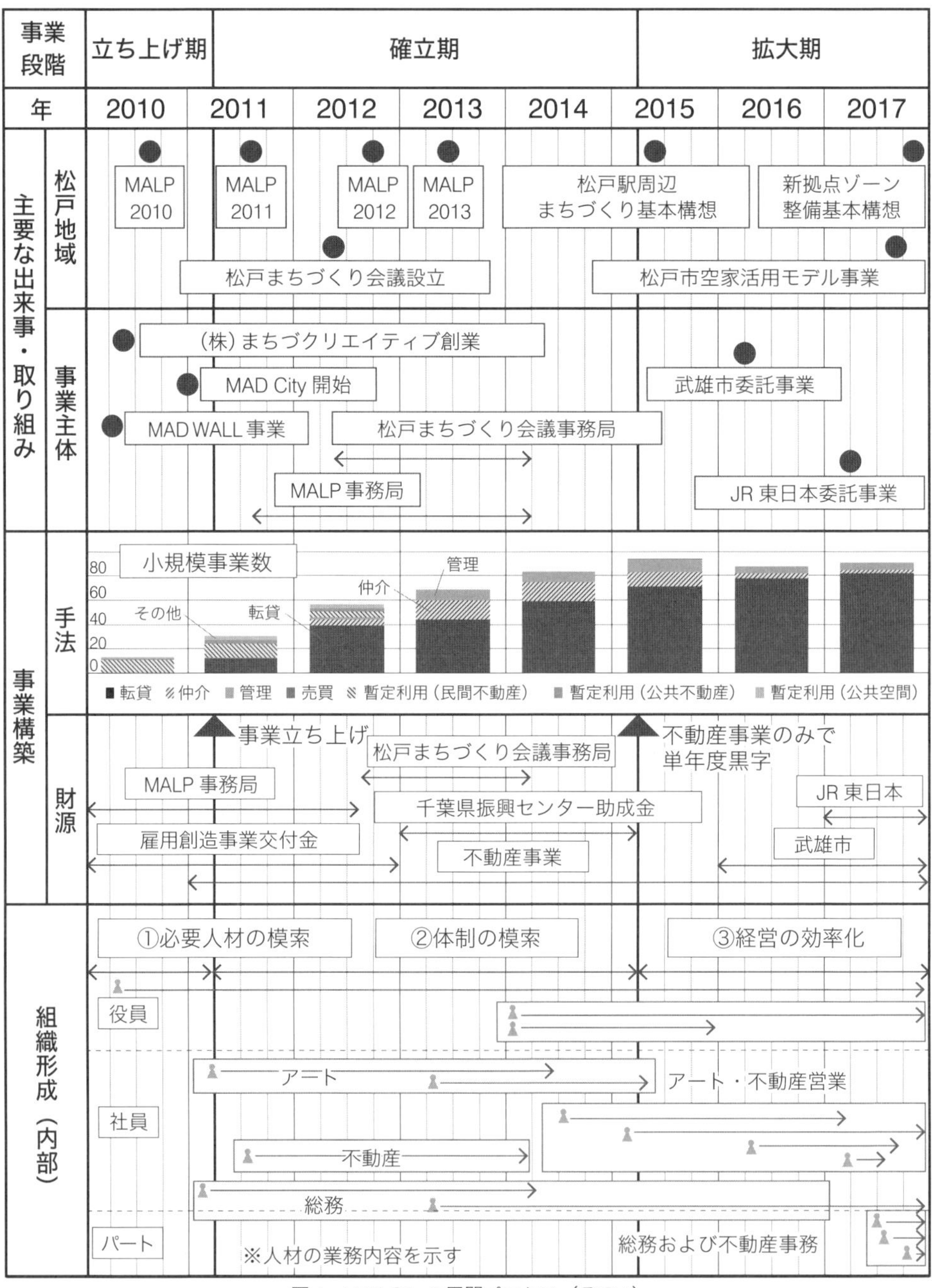

図 4　MAD City の展開プロセス（その 1）

続化を試みた。

MALP2013では、アーティスト・イン・レジデンス事業を松戸まちづくり会議中心で開始し、暫定活用から転貸を主とする不動産事業へ移行していった。事業主体は、これらの取り組みをとおして地域組織との協働可能性を模索したが、松戸まちづくり会議は収益事業に後向きで、アート活動にも一部が難色を示したことから、共同で事業実施することはなくなった。一方で、事業主体による不動産事業は順調で、仲介や売買事業も行うようになるとともに、取引件数は年々増えて2014年度で84件に達し、同年には不動産事業により単年度黒字を達成した。製作活動のしやすい広い庭のある旧・原田米店や、シェアルームを持ち習い事教室等の居住者の技能を提供できるMADマンション等の主要な不動産はほぼ常時満室を維持した。

入居者を選べるような状況になったことで、

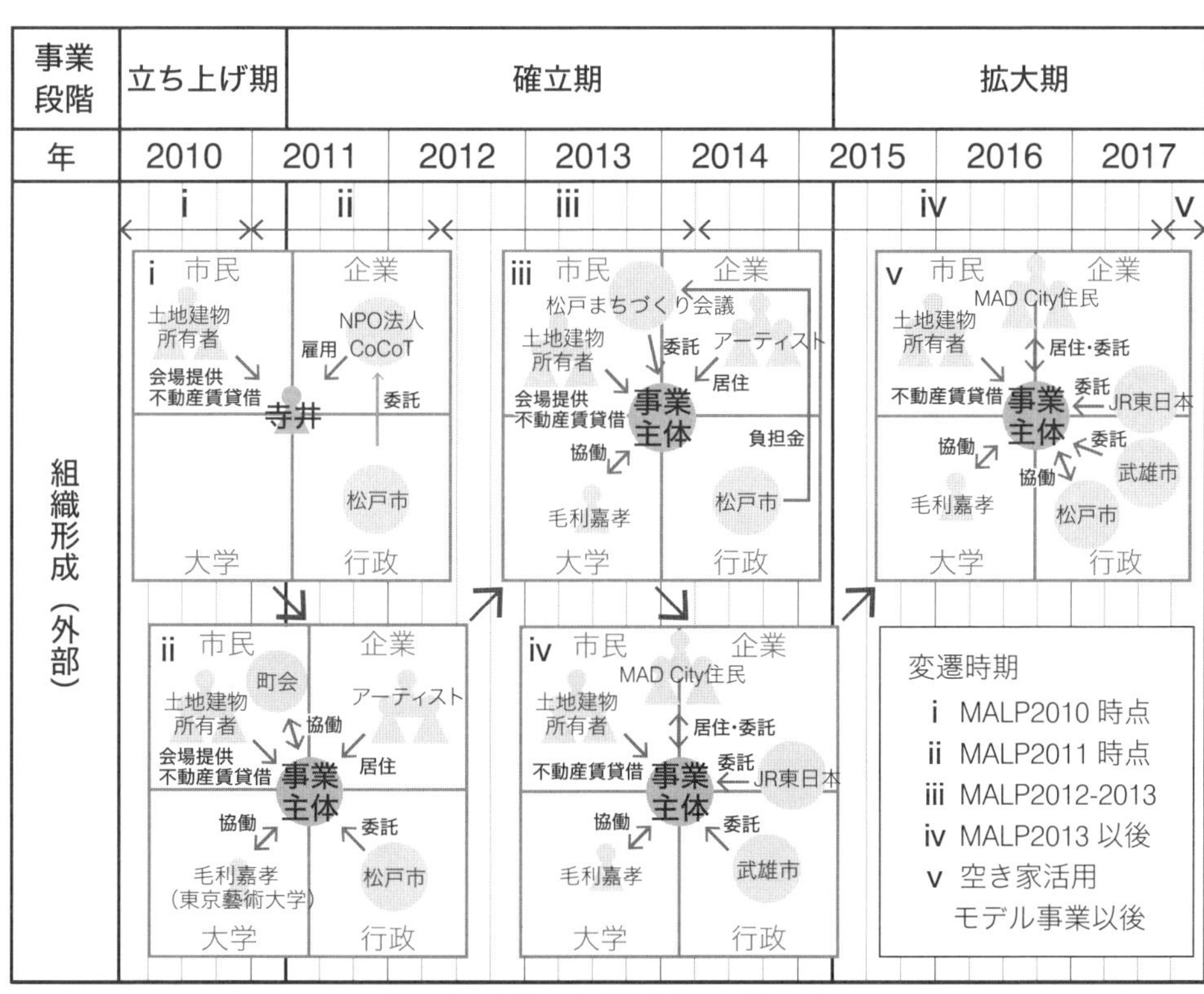

図4　MAD City の展開プロセス（その2）

図5　MAD City が手がけた再生事例／古民家スタジオ　旧・原田米店

図6　MAD City が手がけた再生事例／ MAD マンション

新たな募集の際には入居希望者を審査し、事業主体が地域に必要と考えるサービスを提供する人材を選定し、その後業務委託を行っていった。活動の発信場所として、ギャラリーやイベントスペース（ＦＡＮＣＬＵＢ）も事業主体が借り上げ、必要に応じて居住者に場所貸ししている。活動そのものがＭＡＤ　Ｃｉｔｙの発信にもなる相乗効果を生みだすエリアブランディングの仕組みが構築された。

拡大期では、事業手法を確立させて、組織内外での経営効率化を図ることで、ＭＡＤ　Ｃｉｔｙの事業手法が佐賀県武雄市や埼京線沿線といった地域外に展開していった。そういったエリアでは、事業主体は業務委託を通じて住民と協働し、さらなる事業展開を行っており、まちづクリエイティブは企業として新たな局面を迎えている。

クリエイティブな自治区の次なるフェーズ

離散的なまちの生態系をつくれるか

このように、まちづクリエイティブは再生の進展と並行して企業の成長を実現してきた。それは、事業主体がビジネスパートナーになりうるクリエイティブ・クラスをＭＡＤ　Ｃ

図７　MAD City が手がけた再生事例／ FANCLUB

ｉｔｙの住まい手のターゲットにし、賃貸借契約に紐づく協働のきっかけをつくる仕組みを構築しているからである。ビジネスとして成立させることを前提としているなかで、物件の家賃を1年に全体平均で5％程度上昇させている。この際、家賃の支払いと合わせて、住まい手がまちづクリエイティブと協働する業務委託契約を結んで支払いを受けることで、結果として家賃負担を抑えるような仕組みも模索されている。たとえば、写真家が日常的に撮影する松戸の写真をＭＡＤ　Ｃｉｔｙのイベントプロモーションの写真として提供してもらえるよう、委託契約を結ぶといった具合である。それを契機として、他地域でのプロジェクトに関連した業務委託にも発展している。このように、ＭＡＤ　Ｃｉｔｙのクリエイティブ・クラスの生態系は、松戸地域を起点として他のエリアにも展開しつつある。離散的なまちの生態系をつなげるのか。今後さらなる展開が期待される。

（中島弘貴）

謝辞
本稿の執筆にあたり、(株）まちづクリエイティブ・寺井元一氏に多大なご協力を賜りました。深く感謝申し上げます。

参考文献

・中島弘貴、真鍋陸太郎、村山顕人「小規模不動産事業を通じた既成市街地再生を目指す社会的企業の可能性と課題─松戸駅周辺を舞台とする〝ＭＡＤ　Ｃｉｔｙ〟プロジェクトの事例分析」日本都市計画学会『都市計画論文集』53巻3号、748～755頁、2018年。
・ＭＡＤ　ＣｉｔｙＷＥＢサイト
https://madcity.jp/

1-2

空き室の暫定活用を介した共創プロセス

千代田区・中央区、神田・馬喰町地区

東京都千代田区・中央区「神田・馬喰町」を中心としたエリアの大部分では、歴史的に、土地所有・利用が細分化され、中小ビルが立ち並んでいる。同エリアでは2000年頃に、産業構造の変化にともなって問屋業をはじめとする地場産業の衰退と空き室問題が顕在化した。そのなかで、CET（Central East Tokyo）と称する地域アートイベント等の暫定活用の取り組みが行われ、空き室がさまざまな活動の受け皿となった結果、当該エリアがクリエイティブなエリアとして認知されるとともに、商店街・問屋連盟といった地域組織によるエリアマネジメント活動が行われるにいたった。その過程では、対象エリアや地域プラットフォームが段階に応じて流動的に変化していくことで、持続的なインナーコミュニティ再生が実現された。本稿では、都心周縁部で一定の開発圧力があり、かつ複数の主体が干渉しあう可能性のあるエリアにおけるインナーコミュニティ再生のプロトタイプとして、神田・馬喰町地区の取り組みを取り上げる。

流動的に変化する対象エリア・地域プラットフォーム

流動的に対象エリアや地域プラットフォームが変わるなかで、多様な主体の参画を得て進められてきた一連の取り組みは、多主体協働により新たな価値創造にいたる「共創」のプロセスとして捉えることができる。そのため以下では、共創のアプローチの枠組みであるコレクティブ・インパクト(Collective Impact)を参照して、本取り組みを次の3段階に分けて整理する（図1）。一つ目は、共創が起こり始める「①立ち上げ

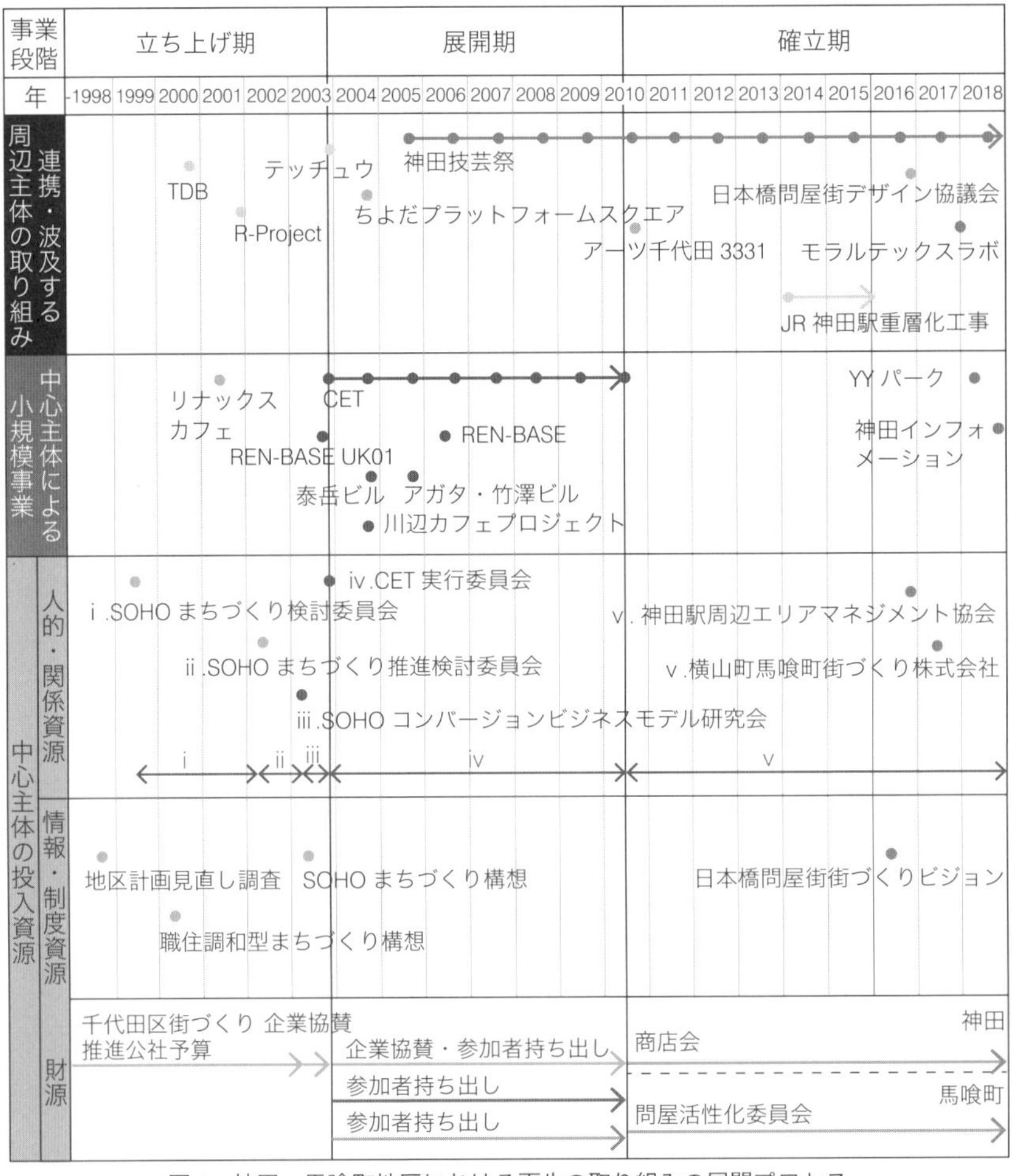

事業段階
立ち上げ期
展開期
確立期
年
-1998 1999 2000 2001 2002 2003 2004 2005 2006 2007 2008 2009 2010 2011 2012 2013 2014 2015 2016 2017 2018
周辺主体の連携・波及する取り組み
TDB
R-Project
テッチュウ
神田技芸祭
ちよだプラットフォームスクエア
アーツ千代田 3331
日本橋問屋街デザイン協議会
モラルテックスラボ
JR 神田駅重層化工事
中心主体による小規模事業
リナックスカフェ
REN-BASE UK01
CET
泰岳ビル
アガタ・竹澤ビル
川辺カフェプロジェクト
REN-BASE
YY パーク
神田インフォメーション
中心主体の投入資源
人的・関係資源
i.SOHO まちづくり検討委員会
ii.SOHO まちづくり推進検討委員会
iii.SOHO コンバージョンビジネスモデル研究会
iv.CET 実行委員会
v. 神田駅周辺エリアマネジメント協会
v.横山町馬喰町街づくり株式会社
i ii iii iv v
情報・制度資源
地区計画見直し調査
職住調和型まちづくり構想
SOHO まちづくり構想
日本橋問屋街街づくりビジョン
財源
千代田区街づくり推進公社予算
企業協賛
企業協賛・参加者持ち出し
参加者持ち出し
参加者持ち出し
神田 商店会
馬喰町 問屋活性化委員会

図1　神田・馬喰町地区における再生の取り組みの展開プロセス

期」、二つめは、周辺主体への波及効果が現れ始める「②展開期」、そして一定の成果（再生への貢献）が発現し始める「③確立期」である。①立ち上げ期と②展開期の境界は、波及効果を具体的に狙ったCETが開催された時点とし、②展開期と③確立期の境界は、市街地の変容が進んで、一定の成果が見出されるCET終了時点と定義する。

ビル空室と産業衰退問題の解決策としての現代版家守事業

立ち上げ期では、2000年前後に顕在化したビル空室と産業衰退問題に端を発して、千代田区の外郭団体である千代田街づくり推進公社（現：まちみらい千代田）により、千代田SOHOまちづくり検討委員会と千代田SOHOまちづくり推進検討委員会が設立され、SOHOまちづくり構想が策定された。その構想は、SOHO事業者を誘致することで、ビル空室を解消するとともに、産業の活性化を図るというものであった。そして、これらの構想を事業化する担い手として現代版家守が構想された。その具体的な動きとして、2003年にSOHOコンバージョンビジネスモデル研究会が、（株）アフタヌーンソサエティにより立ち上げられ、民間不動産のリーディングプロジェクトREN－BASE　UK01を実施した。ビルの中層階の空室がシェアオフィスにコンバージョンされたもので、当時アフタヌーンソサエティの社員だった橘昌邦氏が現代版家守[注1]第1号として運営を担った。

これらの過程で、不動産オーナーはクリエイターのような個人事業主をテナント

注1　江戸時代、家守は不在地主の代わりに宅地内を差配し、賃料収入を確実に得るために店子の業種選定から起業育成までを担っていた。現代版家守とは、その職能が再解釈された概念であり、空室・空きオフィスの改修や連携による共同利用、テナント集めやビジネスサポート・インキュベーション、店子の入れ換え、施設全体の維持管理、共有スペースや会議室の運営などを行う複数の専門家からなる組織体である。

対象とみなしておらず、「躯体現し」のようなデザインを理解しづらいという観点からも、リノベーションに対して抵抗感があるという課題が顕在化した。また、当該地区がSOHO事業者に積極的に選ばれるエリアではないといった課題も浮かび上がった。なお、この時点では千代田区神田エリアが対象であった。

CET：エリアプロモーションとリノベーションへの抵抗感の払拭

展開期では、このような課題を解決する活動として、CETが実施された。地域の企業、アフタヌーンソサエティ、オープン・A（Open-A）等から構成されるCET実行委員会が実施主体となった。内容としては、ビル空室や空き店舗、公共空間といった、地域の未利用空間を展示会場としてクリエイターに提供し、まち全体をギャラリー化するというものである。具体的な取り組みとして、空室を1週間限定で無償賃貸しギャラリーとして活用するOmA（Owner meets Artists）や、ワークショップ形式による企業とのミーティングやデザインコンペティションを通じて、クリエイターと地域コミュニティや地元の企業をマッチングするCmC（Creator meets Community）が行われた。また、CETの過程で、CET実行委員会関係者が設計等で関わった「泰岳ビル」「アガタ・竹澤ビル」という1棟フルリノベーションのロールモデルができ、CETの会場にも活用された。

CETが8年に渡り実施されたなかで、多くのクリエイターがこのエリアに拠点を構えるとともに、ギャラリーや飲食店が増えた結果、メディアに頻繁に取り上げ

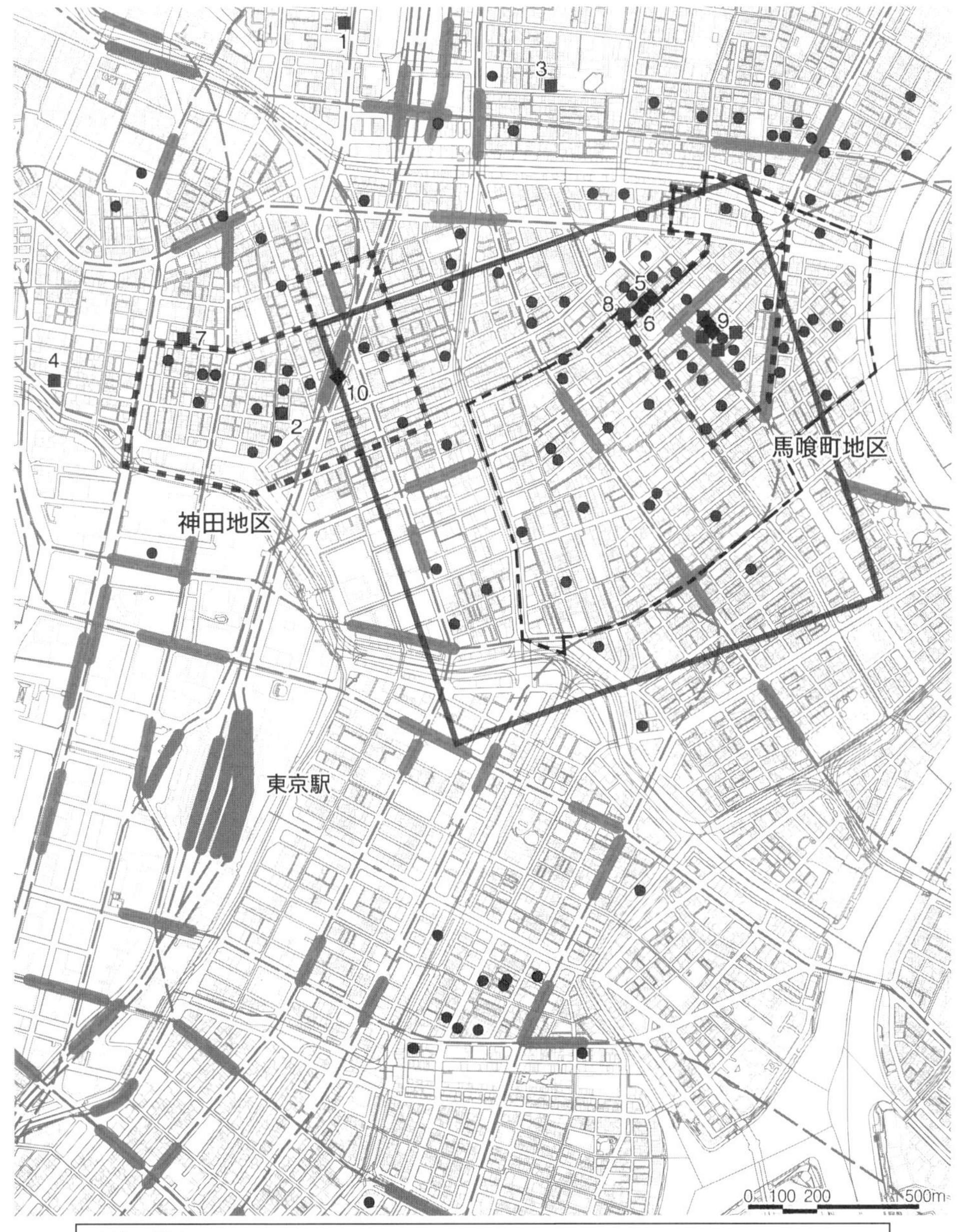

対象エリア

CETエリア　確立期の対象エリア　中央区日本橋問屋街地区地区計画

事業の種類

● 暫定活用（CET）　■ リノベーション　◆ 個別建替え・1棟フルリノベーション・解体

1：リナックスカフェ、 2：REN-BASE UK01、 3：テッチュウ、 4：ちよだプラットフォームスクエア、
5：泰岳ビル、 6：アガタ・竹澤ビル、 7：REN-BASE、 8：モラルテックスラボ、
9：YYパーク・UR保有物件活用プロジェクト、 10：神田インフォメーション

図2　神田・馬喰町地区における再生の取り組みの展開（出典：国土地理院基盤地図情報を加工）

られ、クリエイティブなエリアとして認知されるにいたった。なお、ＣＥＴでは千代田区に限らず、中央区や台東区にも渡る広範なエリアが対象となった。

地域組織によるエリアマネジメント活動への展開

確立期では、狭いエリアでの地域組織の活動が本格化した。神田地区では、ＣＥＴから波及した神田技芸祭や神田商店街サミットをへて、神田駅周辺の複数の地域は２０１８年以降、ＪＲ神田駅構内で地域情報発信拠点「神田インフォメーション」を運営している。組織により、２０１６年に神田駅周辺エリアマネジメント協会が設立された。同協会は２０１８年以降、ＪＲ神田駅構内で地域情報発信拠点「神田インフォメーション」を運営している。

一方、馬喰町地区では、ＣＥＴのメインエリアになった影響や、東京オリンピック開催決定による不動産ミニバブル、物流構造の変化による仲卸業の衰退を背景に、地域の繊維問屋組合による問屋街活性化委員会が、本格的な研究会を実施した。まず、問屋街アンケート調査が２０１５年に行われ、問屋の顧客および経営状況に基づく今後の個々の事業や街の方向性が検討された。その後、街づくりハード委員会、街づくりソフト委員会等の研究会をとおして、(株)ＰＯＤの橘氏等の専門家とともに「日本橋問屋街街づくりヴィジョン」が２０１６年に策定された。また、不動産ミニバブルの動きが街のビジョンと一致せず、デザインコントロールを行う必要があったため、ビジョンに即したデザインコードが制定された（図３）。そして、こ

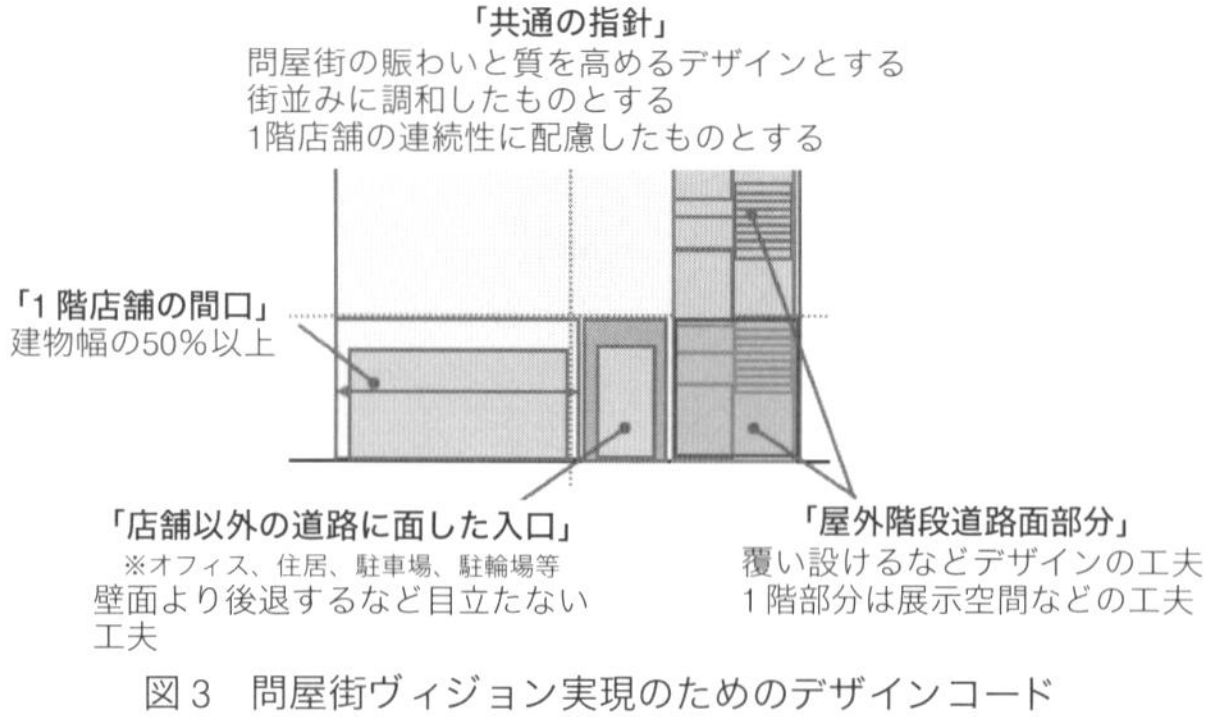

図３　問屋街ヴィジョン実現のためのデザインコード

れらの活動を踏まえて中央区法定のデザイン協議会の設立申請がなされ、中央区によりデザイン協議会が設置されるとともに、約20年ぶりの地区計画の見直しにデザインコードが一部反映された。また、デザイン協議会の実質的な運営組織として、２０１７年に横山町馬喰町街づくり株式会社が設立されるとともに、中央区から街づくり会社に中央区問屋街産業支援施設ＹＹパークが無償貸与され、その運営方法等の検討がなされることになった。その後、同街づくり会社は、ビジョンに沿った土地の利活用を図るため、独立行政法人都市再生機構（以下「ＵＲ」）の支援を受けて持続的な再生に向けた取り組みを展開している。両者の協働のもと、日本橋横山町・馬喰町エリア参画推進プログラム（通称：さんかくプログラム）等のプレイヤーとのネットワークづくりが推進されるとともに、ＵＲが取得したＹＹパークの周辺物件（２０２１年８月時点６件）では内装の改修や耐震改修、建物解体後の更地活用といった建物の状況に応じた小規模事業が連鎖して実現されている（図４、図５）。

図４　YY パークに隣接する＋PLUSLOBBY

図５　ソラビル

表１　コレクティブ・インパクトの共創の条件から見たプロセス分析

分析項目	分析結果			
	立ち上げ期	展開期	確立期	総括
地域に即したビジョン	東京圏全般に基づく課題設定	明確な都市像を謳わないビジョン	３つのエリアの特色に基づくビジョン	局面に応じて異なる 確立期＞立ち上げ期＞展開期 の順に地域に即している
戦略的な学習	家守塾のプログラムにより実態をモニタリング・評価	市民・地域組織に対して取り組みへの参加を促す学習機会を創出	まだフィードバックの機会が見受けられない	継続性が求められる 迅速なフィードバックにより、次なる取り組みの主体形成にも寄与
適切な協働・競争関係	事業者プロポーザルにより一定の競争関係が保たれる	財源面など、緩やかな協働関係に留まる	行政や地域とも密に連携	局面に応じて異なる 段階に応じて協働の質と主体が変わっていくことで、取り組みが発展
包括的なコミュニティの関与	情報提供、相談	関与	権限付与	継続性が求められる 事業推移に応じて徐々に関与レベルが上がり、地域組織・コミュニティが主体的に関与できる状態に到達
変化を実現するプラットフォーム	小規模事業のロールモデルを構築	メディアを通じてリノベの動きを加速	デザインコードを地区計画に反映	局面に応じて異なる 事業推移に応じた都市更新に寄与する変化を創出

参考文献

・中島弘貴、真鍋陸太郎、村山顕人「複数の社会的企業による小規模事業を通じた既成市街地の再生―神田・馬喰町駅周辺を舞台とするCentral East Tokyo（CET）プロジェクトの事例分析」『日本都市計画学会 都市計画論文集』54巻3号、６０７〜６１４頁、２０１９年。

・ＣＥＴ『東京Ｒ計画ＲＥ－ＭＡＰＰＩＮＧ ＴＯＫＹＯ』晶文社、２００４年。

・千代田ＳＯＨＯまちづくり検討委員会『職住調和型のまちづくりによる都心商業地の活力と賑わいの再生―ＳＯＨＯによるまちづくり施策の展開を』２０００年。

・千代田ＳＯＨＯまちづくり検討推進検討委員会『中小ビル連携による地域産業の活性化と地域コミュニティの再生―遊休施設オーナーのネットワーク化と家守によるＳＯＨＯまちづくり施策の展開』２００３年。

・https://www.realtokyoestate.co.jp/ ２０１９年４月９日最終閲覧。

・問屋街活性化委員会『日本橋問屋街の将来ヴィジョン』２０１６年

・問屋街活性化委員会『問屋街ヴィジョン実現のためのデザインコード説明資料』２０１６年

共創の発現する条件

コレクティブ・インパクトの枠組みには、共創が発現するための五つの条件が定義されている。その枠組みを援用して、本取り組みにおける共創のプロセスを考察する（表1）。

特筆すべきは、「地域に即したビジョン」や「適切な協働・競争関係」「変化を実現するプラットフォーム」の項目において、局面に応じた対応がなされた点である。展開期に明確なビジョンを提示しないことや、財源は個別確保にするといった緩やかな協働関係に留まることで、取り組みに一定の自由度を与え、エリアや参画者数を拡大させた。また、事業のロールモデルやメディアの構築、デザインコードの策定といった段階に応じた手段が地域のプラットフォームにより講じられることで、取り組みの波及・定着に寄与したと考えられる。

このように、共創的アプローチによるインナーコミュニティ再生においては、段階に応じて取るべき対応が変わるため、事業進捗をモニタリングし、その段階を適切に把握する手段・方法が求められる。

（中島弘貴）

謝辞
本稿の執筆にあたり、（株）ＰＯＤ・橘昌邦氏に多大なご協力を賜りました。深く感謝申し上げます。

1-3

所有者に寄り添う地域主導の空き家活用

京都市粟田学区空き家対策実行委員会

歴史・観光資源と新旧の住まいが重なり合う地域

本稿で紹介する粟田学区は、京都市内の中心部にほど近い位置にあって、住民の高齢化、商店街の衰退、空き家・空き店舗の増加というインナーコミュニティ問題を抱える地区である。ここでは、学区という比較的小さな地理的範囲のなかで、従来型の地域組織をベースとし、地域内の人材が主導的な役割を果たしながら、多くの空き家活用を実現している。空き家の増加が社会問題化し、再生活用の取り組みが全国的に広がりを見せるなかで、近年では、情報プラットフォームやマッチングのためのシステム構築、空き家の評価やカルテ化による情報の明確化、空き家のオープンハウスイベントやサブリース、クラウドファンディングなどといったさまざまな取り組みが見られるようになっている。それに対して本事例は、地域の人的資源を生かして、知恵と工夫を凝らし、所有者に寄り添いながら一つ一つの段階を丁寧に進めることによって、大きな成果を挙げている。特殊な手法や新しいシステム

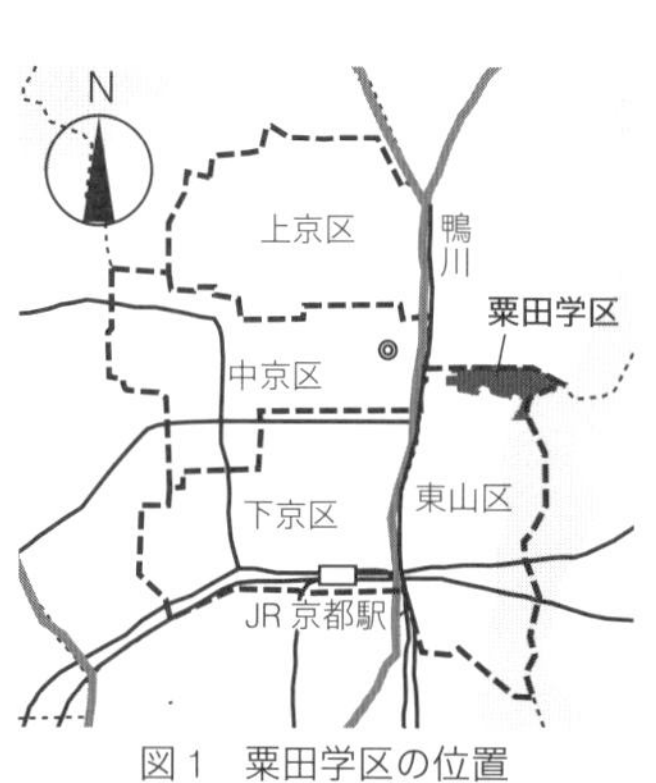

図1　粟田学区の位置

図２　柳の植えられた白川の景観

図３　ゲストハウスとして改修された空き家

の構築ではなく、手間暇をかけて丁寧に進めるという、実は非常に難しいことを実践しており、京都市内の同様の空き家活用の取り組みのなかでも先導的な役割を担っている。その具体的な方法については、後段にて詳述する。

粟田学区[注1]の特徴としては、以下のような点が挙げられる。約46haの範囲に40の町があり、人口は約3800人である。南には祇園エリア、北には平安神宮や美術館を擁する岡崎エリアがあり、粟田学区内にも青蓮院や粟田神社などの社寺や有名ホテルがあるため、観光客も多く訪れる場所である。住宅も多く存在し、高価格なマンションもある一方で、戸建てや長屋建ても多く、路地沿いに京町家が立ち並ぶ歴史的な町並みも見られる。学区のなかには白川という歴史ある川が流れ、柳の木がそよぎ石橋のかかる風景は、地域の特徴的な景観となっている。また学区内にある古川町商店街は、かつては「東の錦」とも呼ばれた歴史ある商店街である。近年は従来の商店が宿泊施設に変わったり、商店街に面して集合住宅が建設されたりと変化が激しいが、現在も地域にとって白川と並ぶ重要な存在である。

空き家の長期化、市場に出ない空き家

粟田学区の位置する東山区は、空き家率および高齢化率がともに市内の他区より突出して高い。[注2]また京都市内の空き家は全体として、別荘等の「2次的住宅」、および「賃貸用」「売却用」以外の、市場に流通していない空き家である「その他の住宅」の割合が高く、さらに「その他の住宅」に占める戸建て・長屋建ての割合が

注1　ここで言う学区とは「元学区」のことである。小学校の統廃合により学区としての本来の意味は失われているが、明治期以来の番組小学校の単位である元学区は、自律的な地域コミュニティの単位として脈々と受け継がれ、行政や統計の単位としても使用されている。

注2　空き家率は東山区22・9％、次いで南区16・8％（2013住宅・土地統計調査）であり、高齢化率は東山区33・5％、次いで山科区31・4％（2020年9月現在、京都市統計解析№118）である。

図４　飲食店として活用された建物

図５　立ち並ぶ４件の町家が改修再生された例

高いという特徴がある。[注3]空き家の接道状況を見ると、細街路が多く存在する東山区は、空き家のうちの52・3％が幅員4ｍ未満の道に接しており、これも他区と比較して最も高い割合となっている。

京都市では、「総合的な空き家対策の取組方針」（2013年7月策定）、「京都市空き家等の活用、適正管理等に関する条例」（2014年4月施行）のほか、2015年の空き家特措法を受けて、「京都市空き家等対策計画」（2017年3月）（以下、空き家対策計画）を策定している。空き家対策計画では、「その他の住宅」および戸建て・長屋建ての空き家が多いという現状を踏まえて、戸建て・長屋建ての「その他の住宅」を主な対象とした活用・流通の促進を重要な課題として位置づけている。空き家が発生し放置される要因については、所有者の意識として、「貸したい・売りたいと思わない」「とくに困っていない」「貸したら返ってこない、知らない人に貸したくない」といった考えがあること、「物置として利用」「仏壇がある」などといった物理的な状況、および「活用のために必要な改修費用が負担できない」という経済的要因、さらに「活用方法や相談先がわからない」「行政の支援制度などを知らない」といった状況があると分析されている。こういった空き家状態の長期化の背景は、京都に限らず全国的にも同様の状況が見られると考えられる。

丁寧に進められる空き家活用までの手順

こういった空き家を再生活用へとつなげている粟田学区の取り組みは、以下のよ

注3　住宅・土地統計調査によると、最新の2018調査では、京都市内の空き家は少し減少し、空き家率は前回の2013調査の14・0％から、12・9％まで低下している。空き家数の内訳を見ると「二次的住宅」「賃貸用」「売却用」はいずれも減少しているのに対して借り手や買い手を募集していない状態の「その他の住宅」は減少しておらず、空き家数に占める「その他の住宅」の割合が他都市より高い傾向が継続している。

注4　京都市内では、町内会が元学区ごとに集まって組織する連合町内会自治会を称して「学区自治連合会」と呼んでいる。自治連合会の単位で社会福祉協議会や体育振興会、自主防災会などが組織されていることが多く、さらに個々の学区の状況に応じた活動組織が設けられる。

うな手順で進められる。まず、町内会単位で空き家の存在を特定する空き家調査を実施する。空き家情報は、学区の自治連合会[注4]傘下の組織である空き家対策実行委員会（以下、実行委員会）に集約される。一般に空き家かどうかは外観だけでは判断が難しく、とくに物置的に利用されている物件を空き家と特定するのは難しいが、町内会による調査であるため、精度の高い情報収集が可能となっている。集まった情報をもとに、登記簿調査および町内の関係者への聞き取りを行い、個々の空き家の所有者が特定される。ここでも、地域ぐるみの活動により登記簿だけでは得られない所有者に関する情報が得られている。

特定された所有者に対して書面により活用意向の有無を問い合わせ、意向のある所有者にはヒアリングを行って事情や希望を聞きながら、活用提案を行っていく。提案について所有者の理解が得られれば、物件の情報を公開して活用希望者を募り選定し、詳細について打ち合わせを進め、設計および工事を行い、活用を開始する。

実行委員会の経験から、空き家の所有者は高齢の方が多く、資金調達ができないほか、決断ができない、相談する人がいない、知らない業者には信頼をおきにくい、といった状況が見られている。それに対して、地域の組織である実行委員会からの働きかけであり、旧来からの関係がある町内会長らが間に入ることが可能であるため、具体的な活用相談を行うまでの所有者の心理的な抵抗感が大きく低減されている。

実行委員会は、所有者の抱える資金面や将来不安にも配慮して活用提案を行っている。具体的には、家賃を低く設定する替わりに改修費用は活用者が負担、改修内容は所有者の承諾が必要、定期借家方式とし、定期借家期間終了後の買取請求権はなし、という条件を基本としている。[注5] これにより、所有者は活用に当たっての改修費用を用意する必要がないうえに、活用期間後は、改修された家屋が戻ってくるという安心感を得ることができる。

具体的な家賃算定は以下のように進められる。所有者の意向を聞きながら活用内容の企画を行い、周辺の家賃相場を参考に改修後の家賃の想定を行う。あわせて、京都市が行っている耐震診断制度も利用しながら建物調査を行い、雨漏りなどの処置も含めた「建物の健全化」に必要な費用を算定する。算定した費用を定期借家期間の月数で割り戻し、周辺の家賃相場から想定した家賃から引いた額を実際の家賃の目安として、所有者および事業者に提示する。

このような提案が可能なのは、実行委員会において主要な役割を担っている委員長が、建築および不動産の専門的知識を有する人材であるからである。さらに、改修工事の設計監理も、委員長および関係者が務めることが多い。学区内に居住する委員長を中心とする実行委員会が、建物調査から活用内容の企画、改修費および家賃算定までをこなしていることにより、所有者は、活用にいたるまでのすべてのプロセスを、実行委員会をとおして進めることができるようになっている。

取り組みを支えるまちづくり活動の歴史

このような空き家対策は、2012年に京都市の「地域連携型空き家流通促進事

注5 粟田学区でのこれまでの定期借家期間はおおむね15年の設定が多いが、事例ごとに投資額と償却期間、および所有者の希望によって検討のうえ決定される。

業」に応募して選定されたことを契機に、学区自治連合会のもとに空き家対策実行委員会が立ち上げられ、本格的に開始された。しかし粟田学区のまちづくり活動の取り組みは、学区内を流れる白川を中心とする活動として、半世紀近くも前から開始されていた。

平安時代からの歴史を持つ白川も、近代には汚れた川となっていたが、1970年代から地域住民の任意組織である「クリーン白川の会」が清掃を始め、「白川子供まつり」の開催などの活動を行い、歴史ある川の景観を再生・保全してきた。川のすぐそばに位置する古川町商店街は、白川を核とするまちづくり活動の人的・経済的源泉であった。しかし、商店街の衰退、担い手の高齢化などから活動は下火になっていった。2000年代後半から再び白川をまちのアイデンティティの象徴として注目する気運が高まり、大学などとも連携した「白川を創る会」として活動が始まる。商店街振興組合でも京都府の事業に応募したことから再生の動きが強まり、2015年には、自治連合会、白川を創る会、空き家対策実行委員会、商店街振興組合のすべてが参画するまちづくり組織として、「白川まちづくり協議会」が結成されている。商店街振興組合の活動が発展してまちづくり会社も設立されており、空き家対策実行委員会と連携を深め、とくに空き家を店舗として活用する場合には、まちづくり会社の人材のネットワークやノウハウが生かされている（図6）。

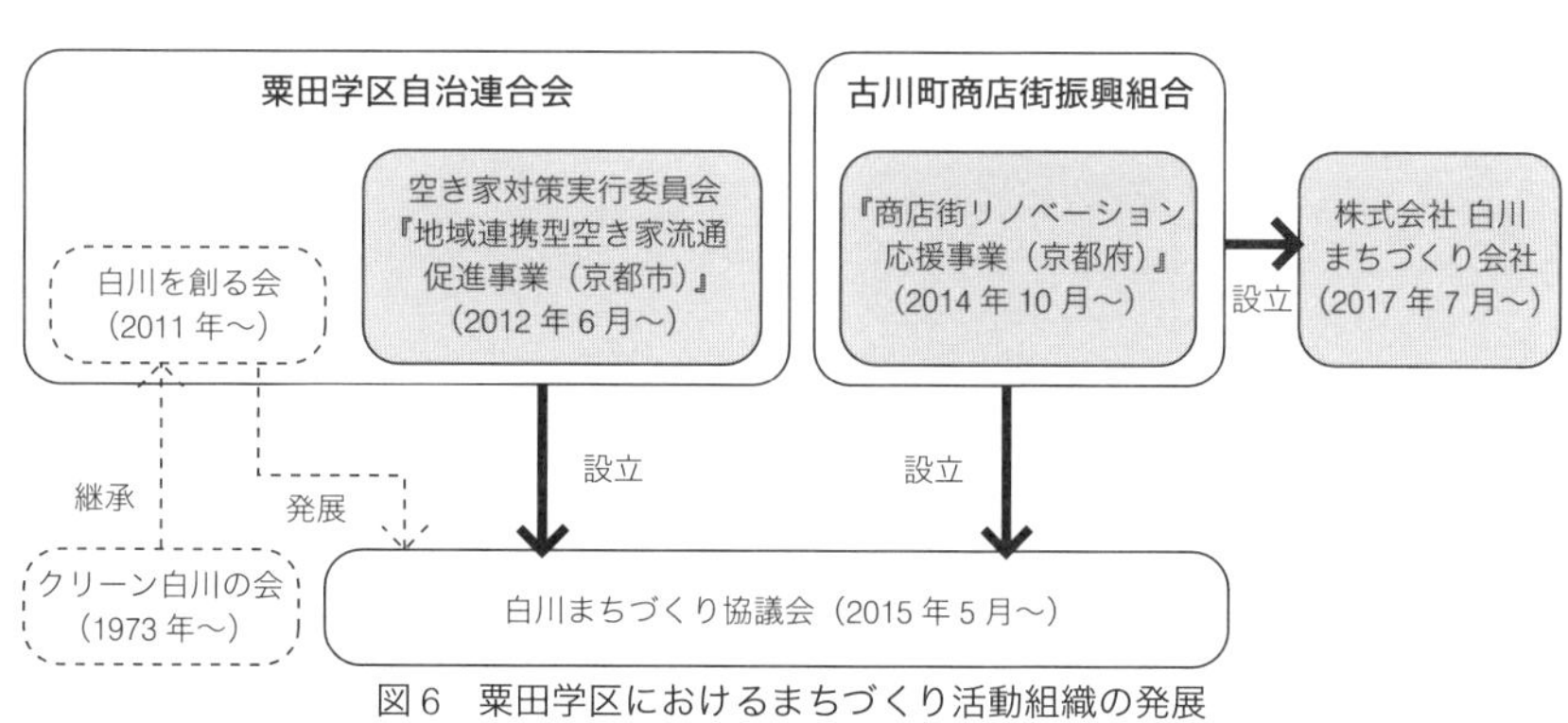

図6　粟田学区におけるまちづくり活動組織の発展

地区内からさらに他地区へと広がる面的な効果

空き家活用によって改修再生された家屋は、まちの魅力的な風景の一部となっている。結果的に4戸の空き町家が並んで再生活用された例（前掲図5）もあり、町並みにもおおいに貢献している。さらには、商店街のテナント料の増加、まちづくり協議会への若い世代の新規加入、防災や地域の将来ビジョンなどをテーマとする新たな委員会の立ち上げなど、波及効果も見られている。

京都市は2010年から「地域連携型空き家流通促進事業」により空き家問題に取り組む地域に対する支援を開始した。2012年に選定された粟田学区を含めて、2018年には50を超える団体がこの事業の支援を受けながら活動している。粟田学区は、2020年9月時点の集計で31戸の空き家活用を実現させており、同事業に取り組む他地域にも大きな影響を与えている。近年のインバウンドによる観光需要の高まりは、京都市内の各所において、地上げによる歴史的町並みの消失や、地域との共存という視点の乏しい宿泊事業者と住民との摩擦などを生じさせてきた。それに対して、地域内の人材による地道な空き家活用は、所有者に物理的にも心理的にも近い主体だからこそ得られる信頼関係のうえで進められるものであり、景観やコミュニティの激変を生じさせることなく、持続的で面的な効果を生みだす方法としておおいに注目すべきものである。

（森重幸子）

謝辞
本稿の執筆にあたり、粟田学区空き家対策実行委員会・赤﨑盛久氏に多大なご協力を賜りました。深く感謝申し上げます。

参考文献

・赤﨑盛久「京都市の空き家活用の現場から─市場に流通していない空き家への対策」『都市住宅学』99巻、150〜151頁、2017年。
・赤﨑盛久「京都市粟田学区におけるまちづくり活動─白川エリア再生の試み」日本建築学会大会（中国）研究懇談会（都市計画部門）『インナーコミュニティの再生とその多様なアプローチ』資料、2017年。

2章

オープンスペースを再生し、まちづくりを加速させる

2-1

小規模事業による街路空間の魅力化を再開発事業とつなぐ

名古屋市中区錦二丁目地区

繊維問屋街から新しい複合市街地へ

名古屋市中区錦二丁目地区は、名古屋市都心部の2大拠点である名古屋駅地区と栄地区に挟まれた伏見地区の北東部に位置する、桜通、伏見通、錦通、本町通に囲まれた16街区・約16haの街区群である。城下町の町割りと第2次世界大戦後の復興土地区画整理事業により形成された1辺約100mの碁盤目状街区群であり、道路面積の割合は約40%と高い。土地は細分化され、建築年代と規模の異なる建物が混在しているため、建物の個別的な取り壊しと時間貸平面駐車場化、建て替え、改修が進行し、大規模再開発はごく一部でしか検討されてこなかった。都市計画では商業地域（容積率600~800%）に指定されており、実際の用途は商業と業務が主で住宅は少ない状況が続いていた。

本地区は、第2次世界大戦後、問屋業者が集積するメインストリートの長者町を中心に繊維問屋街として繁栄したものの、バブル経済崩壊後の長引く不況や産業構

図1　錦二丁目地区まちづくりの区域

造の変化により問屋の廃業が進んだ。しかし近年は、街路空間（道路とそれに開いた建物・外構）を舞台とする小規模事業の成果や市街地再開発事業の進行により、新しい複合市街地に転換しつつある。

なかでも、空きビルを改修して創業者を入店させる名古屋長者町織物協同組合による「ゑびすビルパート1〜3」事業や、IT・デザイン分野など都市型産業のベンチャー企業が入居する小規模オフィスの改修に名古屋市が補助する「ナゴヤ・アイディ・ラボ（Nagoya I. D. Lab）」の事業は、その後相次ぐ建物改修事業の手本となり、漸進的な街の変化に大きく貢献した。また、愛知県主催の国際芸術祭あいちトリエンナーレの会場として錦二丁目の空きスペースや建物の壁面が現代芸術の舞台となったことを契機に、地域に根ざした芸術活動が盛り上がりを見せている。近年では、リニア中央新幹線開通を見据えて開発圧力が高まり、建物の建て替えが急速に進んでいる。また、後述の都市の木質化プロジェクトや公共空間プロジェクトによる街路空間の戦術的再生は、多様な主体の参加をともなうものであり、小規模事業と市街地再開発事業を連携させるまちづくりを牽引する役割を持っている。こうした取り組みの羅針盤となっているのが2011年に策定された「これからの錦二丁目長者町まちづくり構想」（以下、「まちづくり構想」、図3）である。

図2　農業をテーマとしたアートイベント

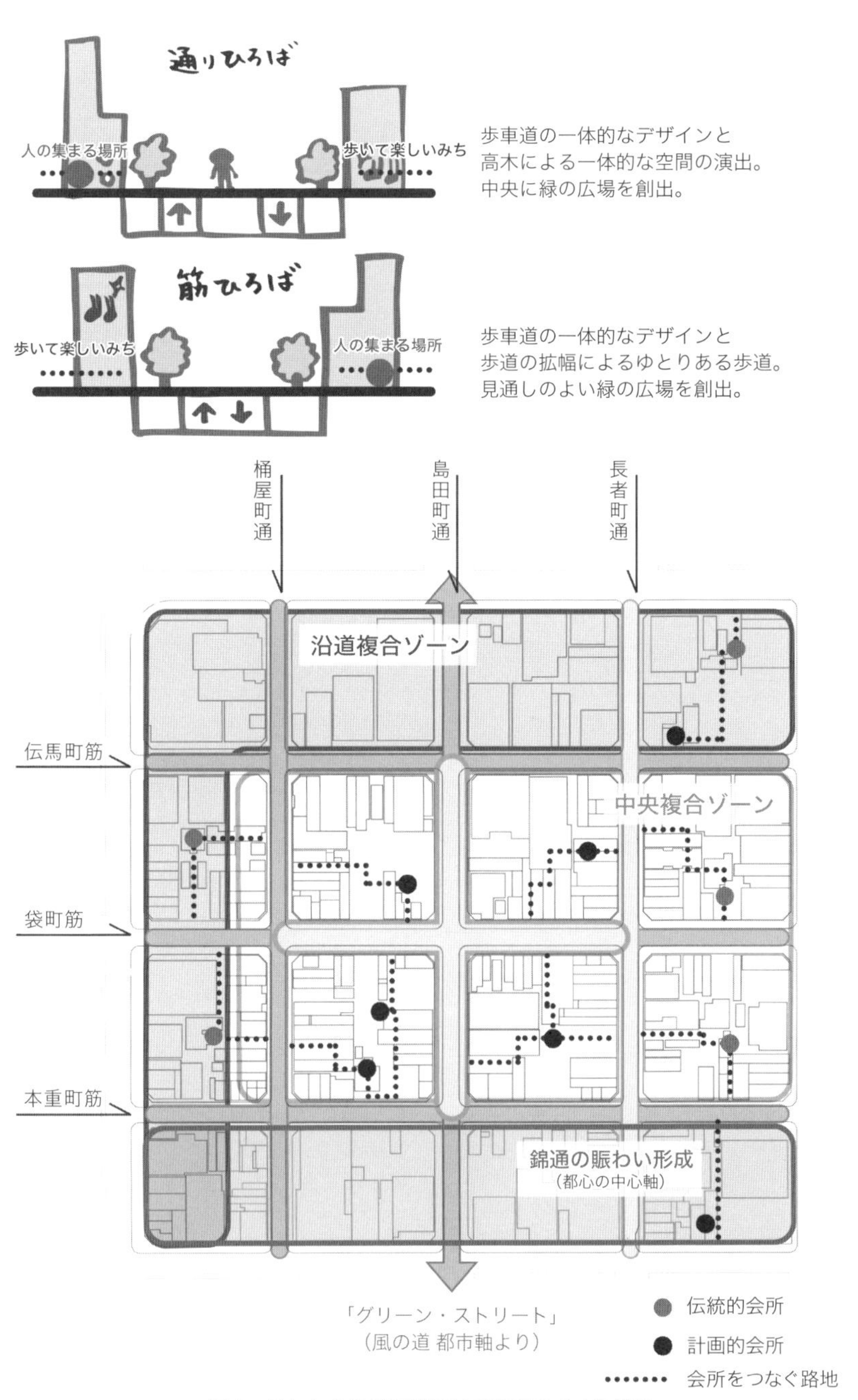

図３　これからの錦二丁目長者町まちづくり構想

錦二丁目まちづくり構想の策定と実現

街の空洞化がピークを迎えていた2004年3月、地元の繊維問屋街の事業者、地権者らが錦二丁目まちづくり連絡協議会（2013年度から「まちづくり協議会」、以下「協議会」）を設立し、NPO法人「まちの縁側育くみ隊」や他の専門家の支援のもと、16街区のまちづくりが始まった。2011年4月には「まちづくり構想」が採択され、協議会内に設置されたまちづくり推進委員会・企画会議（後に低炭素地区会議に統合）における調整のもと、地域主導の小規模事業が展開された。

まちづくり構想は、約3年の多主体参加型プロセスをへて策定された錦二丁目16街区を対象とする任意の構想である。法的な位置づけはないものの、住民、自治会、NPO、事業者、企業、行政の多様な主体によるハードおよびソフトの活動の羅針盤として機能する「アクション・オリエンテッド・マスタープラン（活動・事業志向まちづくり構想）」である。構想には、まず、「くらし／安心居住：多世代が住む職住近接」「にぎわい／元気経済：多様な産業が混成する」「うごき／共生文化：記憶・楽しさ・生命をわかちあいまちの気分を育む」の3基本方針と「よき変化への誘導・多様な更新」「歩いて楽しい和みの景観まちづくり」「住むに価する多世代結びあうコミュニティづくり」「賑わいと生彩のある環境共生エコタウン」をはじめとする8目標が掲げられている。そのうえで、8目標と多様な主体の活動の関係、ゾーニング・骨格プラン・沿道別整備方針・景観デザインガイドライ

図4　錦二丁目ストリートウッドデッキの試用

ンが示され、実現のための仕掛けが説明されている。

まちづくり構想の内容のうち、まちづくりを牽引した街路空間の戦術的再生に深く関わるのが、地域に公園がないので道路を「通りひろば」「筋ひろば」と位置づけ、道路空間の再配分を示唆している部分である。これに基づき、歩道に面する民間敷地の外構部分に木製の大型ベンチを設置した「錦二丁目ストリートウッドデッキ」や、6カ月の間、長者町通りの歩道の一部をウッドデッキで２ｍ拡幅した「長者町ウッドテラス」の小規模事業が展開された。

市街地再開発事業とエリアマネジメント

まちづくり構想の策定とそれを実現する小規模事業の実施に並行して、錦二丁目7番街区では、２０１３年1月に市街地再開発準備組合が設立され、7番街区における市街地再開発事業が進行した。２０１７年2月には錦二丁目7番地区計画が決定され、２０１９年3月に着工した。その主要な内容（都心居住の推進、街区内広場・通路の整備）はまちづくり構想を踏まえたものである。この市街地再開発事業に合わせて、２０１８年には錦二丁目エリアマネジメント株式会社が設立された。このエリアマネジメント会社は、再開発ビルの共用部分に拠点を置きエリアマネジメント事業を展開し、また、取得した保留床におけるテナント事業を通じて定常的な活動資金調達を目指している。

２０１３年4月に協議会内に新たに設置された低炭素地区会議は、まちづくり構

図５　民有地に設置された初代錦二丁目ストリートウッドデッキ

想に基づき展開されていたプロジェクトを「低炭素」「復元力・しなやかさ」「転換」といったキーワードで束ね直し、まちづくり構想を強力に推進しようとするものである。これは、名古屋市の「低炭素都市なごや戦略実行計画」の重点施策の一つである「低炭素モデル地区事業」に応募し、まちに環境という新しい価値を与えようとするものであった。

「錦二丁目低炭素地区まちづくりプロジェクト」は、まちづくり構想の対象範囲である錦二丁目16街区における(A)まちづくりプロジェクトの推進と(B)7番街区再開発計画の実現を通じて、既成市街地における地域主体の長期的・漸進的な低炭素地区形成のモデルを提示するものであった。(A)では、既存の各プロジェクトチームの取り組みを発展させながら、16街区全体の二酸化炭素排出25%削減を目標とするまちづくりプロジェクトの進行管理を錦二丁目まちづくり協議会低炭素地区会議が実施し、(B)では単独の市街地再開発事業における二酸化炭素排出の25%削減を目指すこととした。

持続的成長へ

2018年夏には、その後3年程度を見据えた新しい推進体制と活動内容を再構築し、各プロジェクトのオープン化と自立自走化を目指すこととした。一方、この頃から錦二丁目の地価が急速に上昇してきた。あるビルの地価上昇率は全国5位であるが、「リニア中央新幹線が来るから」「伏見地区に市街地再開発事業が相

図6　長者町ウッドテラス（社会実験）

次いでいるから」といった「空気」で地価が上昇している感触がある。錦二丁目に開発の目が向けられるようになったのは、地域まちづくりの成果なのかもしれないが、地価が上がると小規模事業が展開しにくくなるなど色々と困ることも多く、開発のエンジンを暴走させずに制御することが求められている。

２０１９年３月には、「これからの錦二丁目長者町まちづくり構想・実行プラン（エリマネ編・２０１９年版）」が策定され、「コミュニティづくり」「公共空間のマネジメント」「土地と建物のマネジメント」「低炭素まちづくり」の４分野について、これからの取り組み方針と具体的な実施事項、まちづくり協議会、町内会、再開発組合、産業協同組合、エリアマネジメント会社の役割分担が整理された。その後、企業や行政、大学などさまざまな主体が構想・研究・共創を進める実験の場「錦２丁目エリアプラットフォーム」が設立されるなど持続的な活動が展開されている。

このように、錦二丁目は、まちづくり協議会によるまちづくり構想の策定とその実現、その後の継続的な多主体参加型の取り組みを通じて、小規模事業と市街地再開発事業が連携するエリアマネジメントが行われ、停滞し空洞化する繊維問屋街からブランディングされた新しい複合市街地に転換したまちづくりの事例である。それを牽引していたのは街路空間を舞台とする多様な主体の協働による取り組みであった。また、組織や構想・計画を常にアップデートし、市街地が置かれた状況に適応することにより、持続的な成長が実現しつつある。

（村山顕人）

参考文献

・圓山王国、真鍋陸太郎、村山顕人、大方潤一郎「転換期にある繊維問屋街の空間変容と再生の取り組みに関する研究―東京東神田・馬喰町地区と名古屋錦二丁目地区を対象として」『都市計画論文集』52巻、２号、１６１～１６８頁、２０１７年10月。
・村山顕人「名古屋市の長者町ウッドテラス：地域主導型社会実験の発展的循環プロセス」出口敦・三浦詩乃・中野卓編著『ストリートデザイン・マネジメント：公共空間を活用する制度・組織・プロセス』学芸出版社、１３０～１３３頁、２０１９年。
・村山顕人「事例ルポ―03名古屋市（愛知県）錦二丁目が挑む都市の木質化プロジェクト」『ＣＩＴＹ ｉｎ ＣＩＴＹ』32巻、20～21頁、２０２１年。

2-2

屋外公共空間の計画的再整備とプレイスメイキング

豊島区池袋、米国デトロイト

都市を建物や道路からではなく、オープンスペース[注1]から発想すること、逆転(reversal)の視点から捉えることで見えてくるインナーコミュニティへの処方箋についてまとめることを試みた。世界では今後30年で20億人以上が都市部へ移住すると予測される。成長型の都市、アジアやアフリカの諸都市においてはオープンスペースが計画的に配置・整備されることで、開発の抑制や公衆衛生の面からも機能を果たすだろう。一方で、日本の都市では一部地域を除いて縮退が進み、成熟化に向けた舵取りが迫られている。インナーコミュニティにおけるオープンスペースは通常狭小で、老朽化が進み、都市更新や変化のスピードから取り残されている場合が多い。オープンスペースを起点に都市の再生・再編集の展開を進める際にはどのような戦略や計画的なアプローチが必要なのだろうか？加えて、仮に公園や広場が整備された後に、その場所が持続的に魅力を向上させるにはどのようなマネジメントやプレイスメイキング[注2]が必要なのだろうか？

本論では、既存のインナーコミュニティ内で「公園が街を変える！」をコンセプ

注1　本論で指すオープンスペースとは、一般市民が誰でも自由にアクセスできるあらゆる形の屋外公共空間、公園・緑地、広場、街路、公的私有地等を指す。
注2　本論で指すプレイスメイキングとは、地域の資源や価値を引き出し、人々と場所のつながりを育てる持続的な取り組みを指す。

トに駅周辺4公園の整備を展開した池袋駅周辺の取り組みと、整備されたオープンスペースにおけるプレイスメイキングによって独創的なアプローチを展開しているデトロイト市インナーシティBIZの取り組みについて紹介しながら、都市の再生・再編集を促すための、オープンスペースの計画的再整備とプレイスメイキングについて論じたい。

池袋駅周辺で展開される屋外公共空間の再整備

豊島区は2014年に東京23区で唯一消滅可能都市に選ばれて以降、スピード感を持ってさまざまな施策を展開してきた。2015年に策定された「豊島区国際アート・カルチャー都市構想　実現戦略」では、2020年を中間目標に、まち全体が舞台の、誰もが主役になれる劇場都市を目指して、実現戦略を示している（図1）。そのなかの空間戦略に、池袋駅周辺4公園の整備・連携に関して記載されており、2016年に先行して開

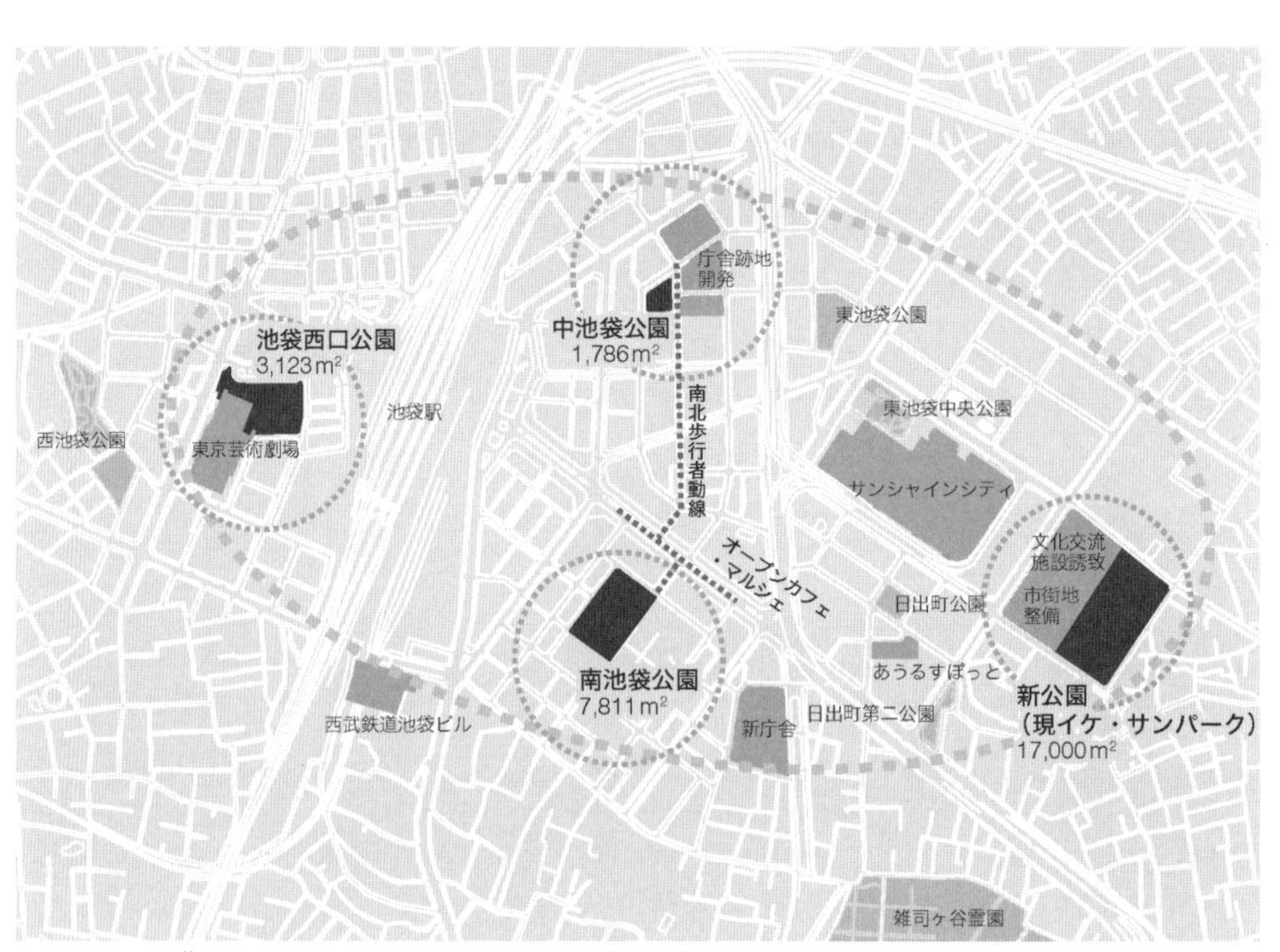

図1　豊島区国際アート・カルチャー都市構想　実現戦略に示された空間戦略（出典：豊島区国際アート・カルチャー都市構想　実現戦略（空間戦略）をもとに作成）

園した南池袋公園（約7800㎡）をはじめ、2019年には池袋芸術劇場に隣接する池袋西口公園（約3100㎡）および旧庁舎跡地の再開発と連動した中池袋公園（約1800㎡）、2020年には造幣局跡地の防災公園・イケ・サンパーク（約1万7千㎡）が開園した。本戦略の特筆すべき点は、「国際アート・カルチャー都市」の実現のために、四つのオープンスペースからまちを変える姿勢が鮮明に打ち出されている点、官民連携の拡大、とくに民間活力を生かした空間の整備、活用、運営などへの姿勢が示されている点、再開発や文化交流施設と連動している点である。

個別の公園整備の視点では、南池袋公園は「都市のリビング」をコンセプトにした芝生広場と民間事業者によるカフェ・レストランの設置運営によって、日常的に豊かな風景が広がる。公園施設の中には区が管理する防災用の備蓄倉庫も併設し、非常時にも機能を発揮するような仕組みに加えて、「南池袋公園をよくする会」が運営の一部を担うなど多主体の参画により、芝生のある公園の魅力を最大化するためのマネジメントが続けられている。

中池袋公園は、旧庁舎跡地の再開発「ハレザ池袋」と一体的に整備され、劇場と連動したプログラムに加えて、多様な利活用が可能な設えとなっており、「Hareza池袋エリアマネジメント」というエリアマネジメント組織が、公園の運営も担う点が特徴的である。池袋西口公園は東京芸術劇場との一体的な魅力向上が期待され、新しい文化・芸術公園の形を探究している。[注3] 整備された公園の規模としては最大級の造幣局跡地のイケ・サンパークにおいては、設計施工管理運営までを一つの事業

注3　豊島区「国際アート・カルチャー都市構想実現戦略・第2戦略「劇場空間の創出」」。

としてまとめている点が特徴である。隣接地には東京国際大学の新キャンパスが建設予定であり、キャンパスと公園の相乗効果等も期待される。このように、池袋駅周辺のエリア価値向上に資する公共空間の整備が展開された。

屋外公共空間を核にした再生・再編集の仕組み

池袋では4公園の周辺再開発との一体的な整備や運営が特徴的であるが、オープンスペースへの介入をさらに都市に効かせるための仕組みとして「ウォーカブルシティ」[注4]を推進するための回遊の枠組みについて記載している。たとえば、中池袋公園と南池袋公園をつなぐ南北の歩行者動線やグリーン大通りで展開されたオープンカフェやマルシェなどの社会実験や暫定的な道路・歩行者空間の利活用は、個別に整備された公共空間をつなぐ手法であろう。

以上のように、四つの公園整備を核にしたインナーコミュニティの再生・再編集の第一段階は驚くべきスピードで実行に移された。今後の課題としては、これらの4拠点を軸にエリアの価値を高めるためのマネジメント戦略のあり方、そして公園周辺の木造密集地域など既存街区の性格の保全と公共空間整備によって誘発される新規開発や更新とのバランスをどのように調律していくかなどが挙げられよう。

デトロイト市インナーシティで展開されるＤＤＰの取り組み

池袋の取り組みが複数の屋外公共空間整備を起点にエリアに介入・変化を起こす

注4　ウォーカブルシティとは、居心地のよい、歩きたくなる街路づくりを指す。豊島区は国交省ウォーカブル推進都市にも参加している。

注5　デトロイト市 Business Improvement Zone: https://downtowndetroit.org/biz/
ＢＩＤと異なるのは行政が共同負担金を税徴収と同様に徴収する仕組みではない点。

展開だとすると、デトロイトの取り組みはハード整備後のエリアの価値を高めるための戦略的なマネジメントおよびプレイスメイキングである。デトロイトは２０００年に財政破綻したが、その直後にＤＤＰ（ダウンタウン・デトロイト・パートナーシップ：Downtown Detroit Partnership）が生まれた。当初は、デトロイト中心市街地の歴史的なまち、公園やオープンスペース再整備とマネジメントを目標に掲げて活動を始めた組織である。デトロイト市インナーシティのエリアをマネジメントするうえで特徴的なのはＢＩＺ[注5]（Business Improvement Zone）である。ＢＩＤとは一線を画す取り組みで、デトロイト都市中心部の高速道路とデトロイト川に囲まれた１４０ブロック、約２・８㎢が対象域となっており２０１４年に策定されたＢＩＺ計画（Plan）に基づく（図２）。約５５０の土地所有者や民間企業が参加し、会費として徴収された約４億円の一部が五つの公園や広場のマネジメントに活用されている。簡単に言い換え

図２　デトロイト市 BIZ の対象域（出典：Downtown Detroit Partnership 作成の図に加筆修正）

ると、地元の民間企業で構成されたＢＩＺという組織が公園等を戦略的に運営することでまちの価値を高めることを目指している。ＤＤＰはＢＩＺの運営、公園とプレイスメイキング、デトロイト市と協同で進める再開発や計画事業、安全安心を四つの事業の柱にしているが、このなかでＤＤＰ傘下のＤＤパークス（DD Parks：Downtown Detroit Parks）という組織が五つの公園と広場の運営およびプレイスメイキングを担う。

インナーコミュニティで展開されるプレイスメイキング

ＢＩＺ内の六つの公園・広場には、年間約２００万人が訪れ、展開されるプログラムやイベントは年間１６００ある。たとえばキャンパス・マルティウス・パーク（Campus Martius Park）では地元メディアが協賛した音楽のイベント、新聞社が協賛する夏の公園映画祭、飲料メーカーのアブソピュア（Absopure）と家具メーカーのＩＫＥＡが協賛するビーチ・パーティー（Beach Party：砂場とカラフルな家具類とコンテナ製の仮設店舗群、図３）など民間企業による協賛イベントが多数開催される。隣のキャデラック・スクエア（Cadillac Square）では地元のテレビ局が協賛するストリート・イーツ（Street Eats：ランチタイムに地元の食やスタートアップのシェフのフードトラックを提供）や、クイッケン・ローン（Quicken Loans：地元の住宅金融会社）が提供するスポーツゾーン（図４）などアスファルトなどの簡素な舗装にカラフルなペイントを施し、夏は地元の子どもたちのエネルギーが充満する場所となっ

図３　DDP が展開するプレイスメイキング、ビーチパーティ

図４　DDP が展開するプレイスメイキング、スポーツゾーン

ている。

DDパークスは単にBIZ財源の円滑な運用や民間企業の協賛を取り付けることに成功しているだけではなく、最も重要なのはデトロイト市の公園課とも密接に協力調整し公共性を高く意識している点と、六つの公園・広場で展開されるプレイスメイキングがまちのエリア全体に波及するような場所のキュレーションを行っている点であろう（図5、6）。整備された屋外公共空間の上に、民間企業の力を生かして重ね合わせるようにプレイスメイキングを展開し、同時にマクロな視点でエリア全体の屋外公共空間のマネジメントを俯瞰するような視点を持っているのが特筆すべき点である。市内で生活する人、働く人、学ぶ人、観光で訪れる人にとって平等に価値があり、民間企業の活力導入や収益性を高めると同時に公益性を高く意識した屋外公共空間となっている点が非常に優れていると言えるだろう。

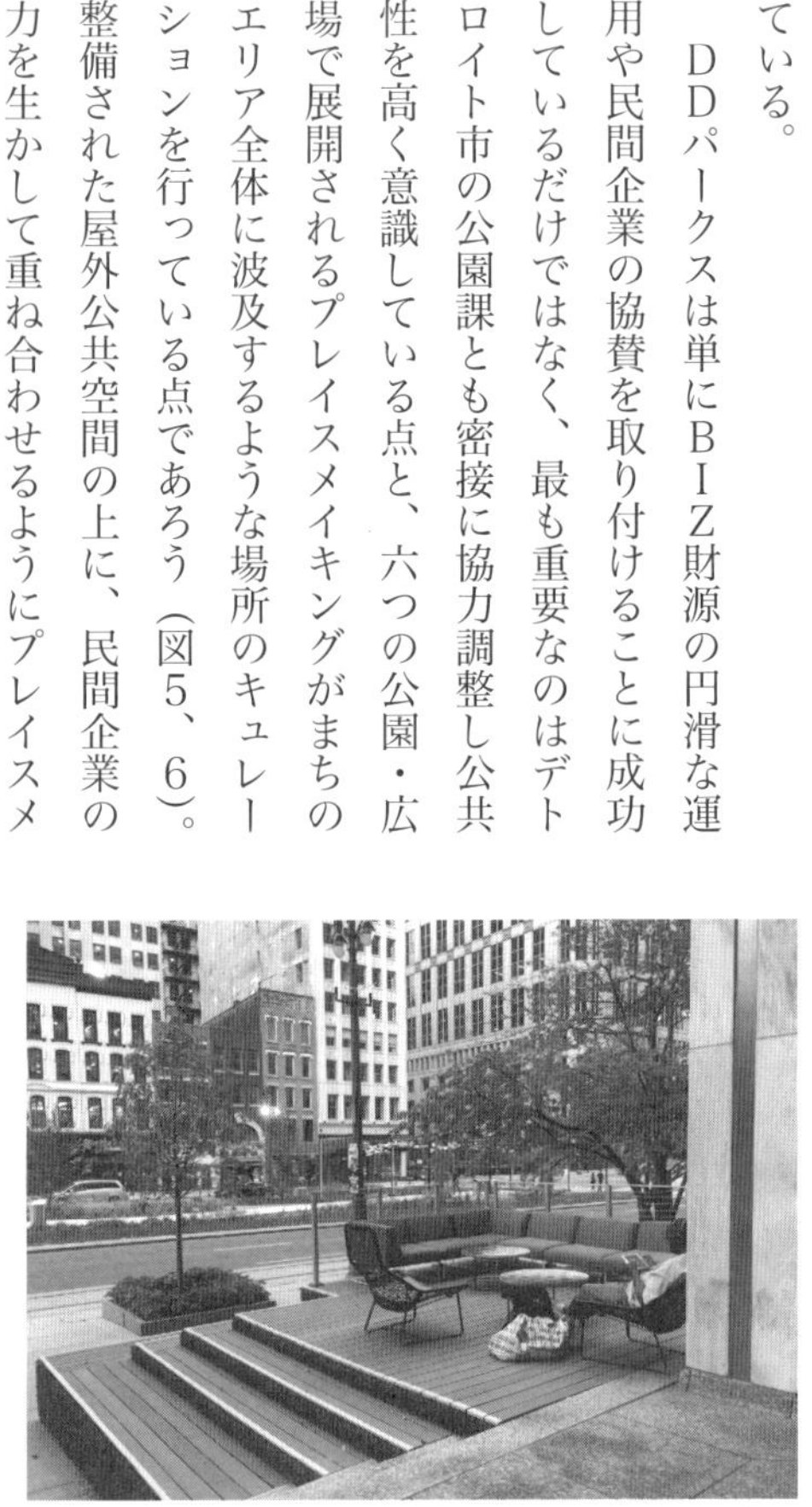
図5　チェースマンハッタン銀行が公開空地を改修

図6　まちなかの広場に設えられた滞留空間

オープンスペースからインナーコミュニティに起こす変化とは

インナーコミュニティにオープンスペースから介入することで変化を起こすこと

が本論のポイントである。二つの事例を実装の視点から整理すると池袋は計画・設計段階の取り組みで、エリアの都市構想と四つの公園の性格づけやそれぞれの大枠での関係性が示されている。一方で、デトロイトはマネジメント段階の事業であり、既存のオープンスペースに重ね合わせるように民間の力を活かしたプレイスメイキングを戦略的に展開している。双方に共通するのは、空間像に踏み込んだ「明確なオープンスペース戦略」を持つことである。

マネジメントに関しては、池袋では個別の公園においてマネジメントが展開されているが、国際アート・カルチャー都市の計画のマクロな範囲でオープンスペースを活かした戦略マネジメントを展開できるかが今後の課題であろう。デトロイトでは守りの管理運営ではなくＢＩＺの四つの軸の一つとしてインナーコミュニティのエリア全体の価値を高めるための戦略的マネジメントとプレイスメイキングが展開されており、学ぶべき点も多いだろう。

オープンスペースがインナーコミュニティにおいて大きな可能性を持っているのは「多様な主体の参画」である。行政、民間企業、市民などさまざまな立場にある主体がオープンスペースに直接的または間接的に関係できることは重要な視点である。

以上のようなインナーコミュニティに変化を起こすためのオープンスペースの戦略、整備、マネジメントは今後も多くの実例を整理して有効な手法として検証することが必要であろう。

（福岡孝則）

2-3

小さなオープンスペースへの介入から大きな変化を起こす

港区コートヤードHIROO、神戸市東遊園地URBAN PICNIC

インナーコミュニティへの点的な介入手法の一つに、オープンスペースがある。公園や広場などのオープンスペースは「誰もが参加し、関係をつくり、体験を共有する」ことができる場所として大きな可能性を持っている。点群から連続的な鍼治療のように介入し、都市に血流を再び通わせるような変化を起こすことが理想である。本論では「プレイスメイキング[注1]」に着目し、そこに暮らす人、働く人が「場所に日々手を入れ、変化を起こし、多様な人々の参加を促し共有される価値を高めることを意識的に行う」ために、場所で展開すべきことを中心に紹介する。

インナーコミュニティのなかで介入していく一点は、さまざまな状況で派生する。たとえば調査の結果選定された、周辺街区へ変化を起こす可能性のある一点もあれば、再開発計画のなかで隣接する公園と一体的に再整備する一点もあろう。加えて、近年では、公園や道路で創造的な社会実験も数多く展開されている。場所として何を目指すのか（戦略）、どのような場所をつくるのか（デザイン）、どのように場所の魅力を引きだすか（マネジメント）、一つの点であっても考えるべき事項

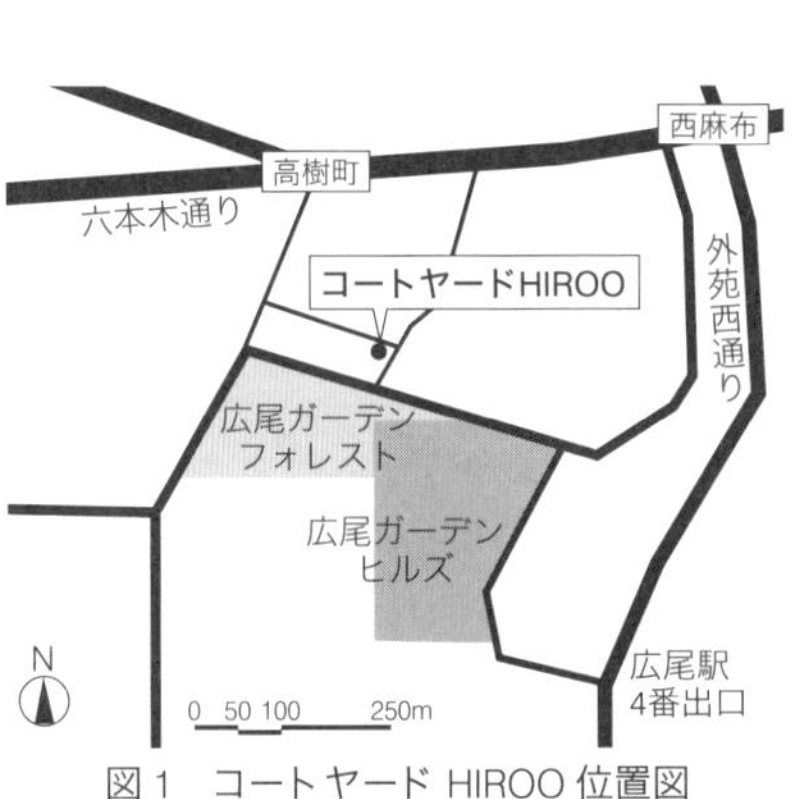

図1　コートヤード HIROO 位置図

は多くある。本論では、一点のオープンスペース（場所）からのアプローチについて二つの事例を紹介したい。一つは民有地、もう一つは既存の公園からの展開事例である。

注1　本論で指すプレイスメイキングとは、場所を中心に人々に新たな体験をもたらし、共有される価値を高めるためのプロセスを指す。

民有地で展開するプレイスメイキング

コートヤードＨＩＲＯＯは１９６８年に建てられた旧厚生省公務員宿舎跡および駐車場のフルリノベーションで、２０１４年に約１１００㎡の敷地が再整備された。デベロッパー、建築家、ランドスケープアーキテクトの間で基本計画・設計時から議論された戦略は、「都市のなかで暮らす、働く、活動する、多様な目的を持った人々がオープンスペースを中心につながり合う」というコンセプトである。コートヤードＨＩＲＯＯは民有地であるが、「半分開いた」オープンスペースというのが適切な表現かもしれない（図２）。

戦略としては、空間の再整備を段階的に行ったこと、５年間にわたってデベロッパーが中心になって「プレイスメイキング」を展開してきたことである。空間の設計・施工と管理運営が切り離されずに、場所のマネジメントに関しても構想段階から計画設計と並走で議論があったことは戦略として重要な点である。

場所のデザインとしては、既存樹や地形の保全等既存の場所の特性を活

図２　コートヤード HIROO 1

かし、とくに建物と屋外空間が接する部分のデザインは建築とランドスケープの設計で細かく調整している。屋外空間においては、ヨガやアウトドア・フィットネスなど核となる健康・スポーツのための空間として壁や植栽で緩やかに分節しつつ、大きくつながる空間、そしてさまざまな大中小のイベント・プログラムに対応して場所が使えるような機能を持っている。一言で表すと多機能だが、将来のマネジメントを予見して設計されている点が特徴である。

コートヤードＨＩＲＯＯには年間約2万人が訪れる。プレイスメイキングの代表的な試みとしては、5年間デベロッパーが中心になり企画運営してきたファーストフライデー（First Friday）がある。月に一度第一金曜日に開催されるこのイベントでは、食、アート、ヨガ、ファッション、映画上映まで季節やテーマに合わせてキュレーションされ、都市に暮らす人が訪れ、滞留し、交流する場としての機能も果たしている。5年が経過した2019年には、「日常を豊かに」をコンセプトに子ども向けの夏の自由研究所など新たなプレイスメイキングの試みも始まった。インナーコミュニティにおいて、必ずしも変化の種地となる公共空間が存在するわけではない。駐車場や建物と街路の間の余白など、ちょっとした空間に介入することで変化を起こすことは可能であろう。加えて、継続的にプレイスメイキングを行うスキルをもった人材なども今後必要になるだろう。

図3　コートヤード HIROO 2

アーバンピクニックの戦略とデザイン

　神戸市三宮都心部に立地する東遊園地は1868年に外国人のための西洋式運動場として整備された約2・7haの都市公園である（図4）。国が所有し、神戸市が管理する東遊園地は都心部のオープンスペースにもかかわらず、年に数回開催されるイベントを除くと日常的に利用がされていない状態であった（図5）。もし、市民のアウトドアリビングとして公園を活かしたら都心部の魅力を高めることにつながるのではないか、という数人の市民の有志によって公園の一部を使った2週間の社会実験「アーバンピクニック（URBAN PICNIC）」が実現されたのが2015年のことである。

　アーバンピクニックが掲げている戦略は「市民が共有するアウトドアリビン

図4　URBAN PICNIC 対象範囲（A：パフォーマンス広場、B：グラウンド）

図5　東遊園地　URBAN PICNIC 1

グ」「都心の価値を高める」など複数あるが、公園単体の再生を目的としているのではなく、公園を起点に都市に変化を起こすことを強く意識している点が重要である。

場所のデザインとしては、公園に存在する空間や設備は現状のものだが、新しい利活用を促すために芝生、アウトドアライブラリー、カフェ、シェード、家具類、プランター、活動を誘発する小道具など社会実験という特性を活かしたうえで暫定的な場所のデザインが展開されている。一見変哲のない公園空間が芝生の存在の有無やカフェの配置、シェードの位置や家具の組み合わせによって、バリエーションをつくることができ、アーバンピクニックでは場所のデザインと利活用の関係を踏まえて毎年の社会実験で暫定的なデザインの構成を変えながら滞留活動、社会活動など利活用との関係を検証している。

5年間の社会実験・プレイスメイキングの展開

アーバンピクニックにおいてとくに重要なのが、場所を育てるマネジメントの部分である。通常、公園は計画設計と工事が終わると行政が直轄管理、指定管理などいくつかの管理運営手法が存在するが、アーバンピクニックの取り組み「公園を基点にまちに変化を起こす」ためのプレイスメイキングは手探りの状態で始まった。

アーバンピクニックが始まった2015年には、市民の有志による実行委員会と趣旨に賛同した神戸市が主体となり初夏と秋に2回社会実験が開催された。ここではアウトドアライブラリーとカフェ、120㎡の小さな芝生を中心とする空間が暫定的に設えられた。実験期間中は小さな芝生の空間を中心に市民が集まり交流が行われ、市民の寄贈した本でつくられたアウトドアライブラリーでは、本を媒介にしたコミュニケーションが生まれ、カフェにはスタッフが常駐しパークコミュニケーターとして大きな役割を果たした。このような2週間の小さな社会実験の成果は公園がもつ可能性を感じる「気づき」や「体験の共有」であろう。

２０１６年には、神戸市役所が２６００㎡の土のグラウンドの全面芝生化実験を開始し（図４）、数種類の芝生を植え分けて生育状態や踏圧による影響が検証された。アーバンピクニックは６月中旬から11月上旬まで約４カ月にわたって開催され、神戸市芝生化実験との相乗効果が生まれ多くの活動が展開された（図６）。パークキッチン（飲食を提供）、利用者の多様な滞留をうながす家具類、日よけとして機能するシェード、アウトドアライブラリーなどが大きな芝生に向かって設えられた。加えて、通行者が気軽に公園を使えるように卓球台やハンモックなども設えられた。プログラムとしては、社会実験の主催者が企画する自主プログラム（芝生の演奏会、絵本の夕べ、ワインピクニックなど）が11種、32回程度開催され神戸都心部にふさわ

図６　東遊園地　URBAN PICNIC 2

しいプログラムの形が模索された。特筆すべきは公募プログラムである。市民の誰もがウェブサイトを通じて自分が公園で展開したいプログラムを応募できる仕組みであり「パークヨガ」や「ＤＩＹ」「アート教室」など公募プログラムは16主体により34回実施された。社会実験は一般社団法人リバブルシティイニシアティブを中心に推進され、東遊園地パークマネジメント協議会には公園周辺の二つのまちづくり協議会が参加し意見情報交換を行い、行政側も公園課に加え、まちづくりなど複数の部署が参加するような組織体制となる。[注2]

２０１７年には、公園内の大芝生と仮設パビリオンの間に距離がある配置が試され、実験期間・プログラムともに前年度と同様の展開がされた。３年目から新たに始まったプログラムに「フレンズ」がある。これはアーバンピクニックに主体的に関わる市民の組織化を企画したもので、本の寄贈、公園を育てるプログラムへの参加、学生が中心になって運営するガイドツアーへの参加、東遊園地検定への合格の4点をクリアした市民27名がフレンズに認定された。育てるプログラムは公園の運営側にまわる市民を増やすために企画されたもので、公園プログラムの運営補助、舗装面に描かれたチョーク消し、実験で使う家具の塗装や机づくりなど実験期間中に76回実施された。

２０１８年はプログラムの構成などは継続されたが、金・土・日に限定となった。設えとしては大芝生と近接した位置にパビリオンの設置、デッキやテーブルなどの滞留空間と夏季の暑熱緩和および雨よけの機能をもつシェードなどが設置された。

注2　福岡孝則・槻橋修・遠藤秀平『Livable City（住みやすい都市をつくる）』マルモ出版、２０１７年。

注3　福岡孝則・村上豪英・岩田晶子・槻橋修「神戸市東遊園地におけるＵＲＢＡＮ ＰＩＣＮＩＣの実態および展開過程」ランドスケープ研究、２０２１年。

以上のように、4年の社会実験期間をへて、東遊園地における社会実験アーバンピクニックは市民、行政、運営者のすべてにとって「オープンスペースを育てる」体験を共有する場所となった。[注3] この社会実験を一言で表すと「主体形成ためのプレイスメイキング」と言えるだろう。2019年度には東遊園地再整備やにぎわい拠点施設運営事業のプロポーザルが実施され、社会実験は次の段階へと進行中である。

小さな点から変化を起こす

本論では小さなオープンスペースという点から都市に変化を起こすためのアプローチについて民有地と公園の二つの事例をまとめた。以下に二つの場所で展開されたプレイスメイキングの特徴をまとめる（図7）。

「戦略」に関してコートヤードＨＩＲＯＯでは企画からマネジメントまでがデベロッパーによって一貫して一体的に実現されている点、アーバンピクニックにおいては公園を起点に都心の価値を高めるという点だろう。「場所のデザイン」に関して、前者では柔軟な利活用を可能にする余

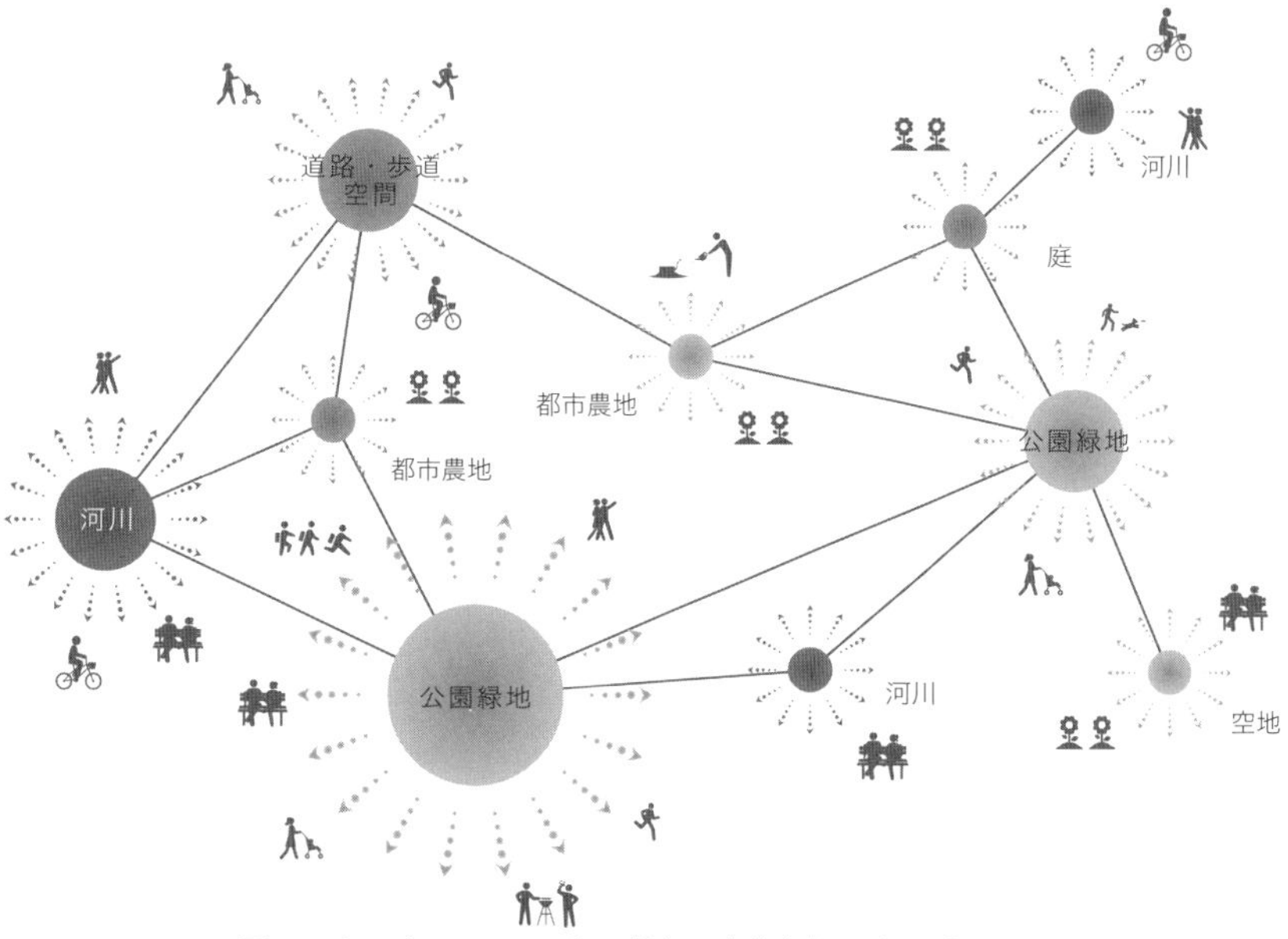

図7　オープンスペースから都市に変化を起こすアプローチ

白のある屋外空間がデザインされ、後者では既存の公園は変えずに仮設の施設や道具で場所のデザインが展開されている。「プレイスメイキング」に関しては、前者ではファーストフライデーを基軸に民有地の特性を活かした展開が継続されている一方で、後者では公園を舞台に多くの市民が主体的に参画するためのプログラムが毎年進化しながら展開されている。

小さな一点のオープンスペースから展開するプレイスメイキングは、場所の一時的な賑わいを創出したり、イベントの多様さを競ったりするものではない。インナーコミュニティのなかの小さな一点のオープンスペースに、場所が目指すべき戦略やデザイン、そして場所を通じてまちを育むためのプレイスメイキングという意識やプロセスを働かせることで、どのような化学反応が起こせるのだろうか。都市と人々の関係を振り付けるための場所としてオープンスペースは可能性を持っているのではないだろうか。

（福岡孝則）

3章

見えづらくなった地域の物語を編みなおす

3-1

低層倉庫・オフィス混在地域での小規模継続的整備

品川区天王洲地区

低迷する業務市街地で始まったエリア価値の再構築

東京都品川区天王洲地区（以下「天王洲」）は、都心部からほど近い22haの埋立地で、周囲を運河で囲われた島状の形をしていることにちなんで「天王洲アイル(isleは小さな島の意)」という愛称で呼ばれている。この辺りには１９８０年代まで運河の輸送機能を背景とした倉庫・油槽所等が多く立地していたが、モノレールの新駅誘致計画が浮上したことを契機として大規模再開発が構想された。その構想は１９８８年の地区計画と用途地域変更の実現をへて具現化され、高層オフィスビルが林立する業務市街地へと変貌した。

しかし２０００年代に入ると、最新型オフィスビルに比べてフロアあたりの面積が小さいこと、地域冷暖房が導入されていることによるコスト高、都心部からやや距離があることなどが要因となり、東京のオフィス市場のなかでの天王洲の地位は低下した。筆者らが地場の不動産事業者に対して行った聞き取り調査によると、か

図１　大規模オフィスエリアの様子

って「都会的・トレンディ」なオフィスエリアと評価されていた天王洲のエリアイメージは、相次ぐ企業流出や賃料低下によって損なわれ、比較的賃料が安い「都心の受け皿」としての消極的イメージが定着して、まちの特徴が失われていった[注1]。また同時に、一部飲食店が撤退するなど商業機能も低下しエリア全体が勢いを失ってしまった。

そうしたなか、地区内で複数の不動産を所有する地権者である寺田倉庫株式会社（以下「寺田倉庫」）が主導して、エリア価値の再構築を目指してきた。大規模オフィスが林立する表通り沿いの街区（以下「大規模オフィスエリア」）から一筋裏側に入った、低層の倉庫・オフィスが集中する街路をボンドストリートと名づけて、その周辺街区（以下「ボンドストリートエリア」）に、ハード・ソフトを織り交ぜた小規模な再整備を集中的・継続的に実施し（以下「小規模継続的整備」）、にぎわい創出や都市的アメニティ向上を図るなかで、天王洲のイメージは徐々に創造性を備えた人や企業を惹きつけるクリエイティブ・ディストリクトへと変化していった。長期停滞するなかで見えづらくなっていた地域のキャラクターや目指すべき方向性といった無形の資産―地域の「物語」―が、徐々にはっきりすることで、エリア価値が再構築されてきたのである。

ボンドストリートエリアで進む「小規模継続的整備」

天王洲のエリアマネジメントは、地区全体の取り組みに加えて、とくにボンドス

図2　ボンドストリートエリアの様子

注1　山村崇・後藤春彦・田島靖崇「都心外の業務市街地における民間企業主導による小規模継続的整備を通したエリア価値の再構築―東京都品川区天王洲地区を対象として」『日本建築学会計画系論文集』85巻773号、1447〜1457頁、2020年7月。

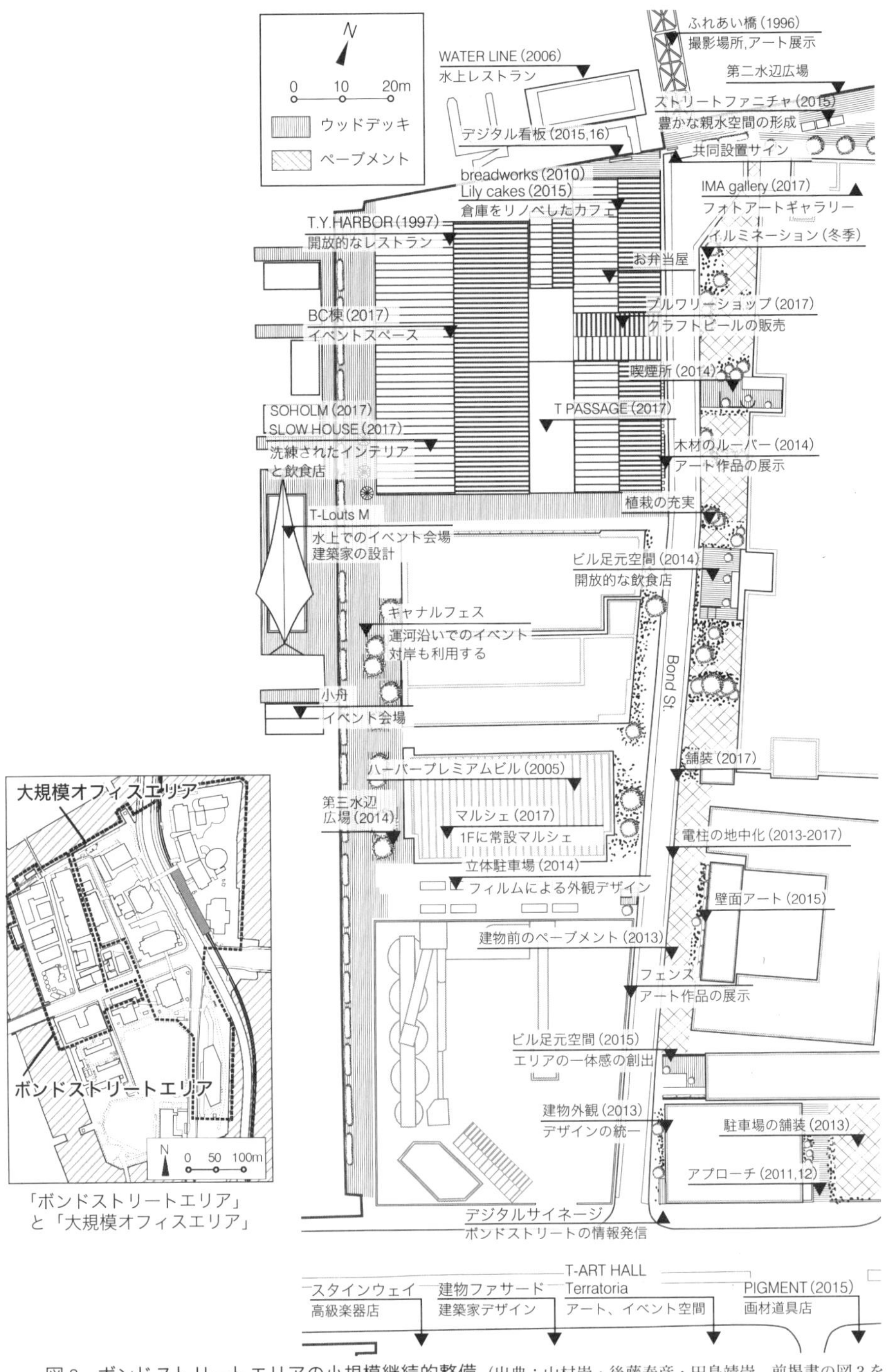

図3　ボンドストリートエリアの小規模継続的整備（出典：山村崇・後藤春彦・田島靖崇、前掲書の図3をもとに筆者が修正）

トリートエリアにおいて、寺田倉庫が主導する集中的な整備が行われるという、二段構造になっている。

地区全体のエリアマネジメントの中心的役割を果たしているのは、地権者により構成される「天王洲総合開発協議会」であり、基盤的なハード資本の整備や維持管理を担っている。また、地権者らの出資により設立された「天王洲エリアサービス株式会社」は、熱供給のほか地区内共有施設の管理を行っている。加えてソフト活動については、「天王洲キャナルサイド活性化協会」が、祭りの運営、アートイベントの開催など、水辺環境を活かした活動を展開している。

以上の取り組みに加えて、ボンドストリートエリアでは、寺田倉庫を中心とした地権者が、小規模継続的なハード整備とそれに関連させたソフト活動をより集中的に行っている。図3は、ボンドストリートエリアの整備に関わってきた組織（寺田倉庫、天王洲リテールマネジメント、キャナルサイド活性化協会、株式会社アールアイエー）への聞き取り調査をもとに、整備内容を整備年とともに地図上に表記したものである（整備年については調査時に確認できたもののみ記載）。とくに2013年以降、路面の美装化、電線の地中化、アイレベルを中心とした建物外観の美化など多くの整備が実施され、エリアとしての一体感が高まってきた。また、水辺広場やストリートファニチャーが整備されたことで、さまざまなイベント利用も見られるようになった。こうした整備は、天王洲を当初からの開発理念である「街全体が一つのアートを作り出す」「文化的環境としての都市空間」という考え方に即した、アメニテ

図4　小規模継続的整備が進むボンドストリート　レストランのテラス席も街路に賑わいを与えている。

図5　街並みに彩りを添えるパブリックアート

ィ豊かでクリエイティブなまちへ誘導することにつながっている。なおボンドストリート自体は区道であるが、周辺の各種整備はもっぱら民地側で行われており、その費用に関しても地権者らが自己負担するかたちで進められてきた。品川区や東京都とは随時必要な連携を行っているが（たとえば、屋外に大型アート作品を展示する際の屋外広告物規制に関する調整、水辺利用についての港湾局との連携など）、あくまで民間企業が主導して、長期間にわたって相当額の〝投資〟を行うことで、エリア価値向上を試みている点が特徴的である。

小規模継続的整備の進展とともにエリア価値が上昇

(1) デザイン・クリエイティブ系テナントが増加

ボンドストリートエリアでの小規模継続的整備が進むのと同時に、オフィスビルに入居するテナント企業の顔ぶれも変化してきた。

筆者らは過去の研究[注2]において、ボンドストリートエリアおよび、隣接する大規模オフィスエリアのオフィスビルを対象として、テナント企業の流出入実態を調査した。その結果、大規模オフィスエリアでは全体的に卸売業・小売業や製造業の割合が高く、近年顕著なテナント業種の変化は見られなかった。一方、ボンドストリートエリアでは、卸売・小売業が減少し、情報通信業が増加しており、細かい内訳を見るとインターネット関連事業者が多く入居していた。

図6　ストリートファニチャーの設置

注2　山村崇・後藤春彦・田島靖崇、前掲書。

そのほか、広告デザイン企業や、著名なデザイナーブランドを展開するアパレル企業の入居も見られ、デザイン・クリエイティブ系産業を中心とした集積が生まれている。

(2) オフィス賃料は「大規模オフィスエリア」と同等程度にまで上昇

入居テナントが上方シフトするのに合わせて、ボンドストリートエリアのオフィス賃料水準も上昇基調にある。

天王洲の賃貸オフィスを仲介している不動産業者への聞き取り調査によると、大規模オフィスエリアにおける1坪あたりの賃料は、リーマンショック前には2万円を超えていたが、その後の不況期になると大幅に下落した。竣工から20年近く経過する建物が多く、テナント企業獲得に向けた工夫として、小規模なリノベーションや貸付面積の細分化が行われており、空室率は低い値を維持しているものの、他エリアの同規模オフィスビルと比較すると賃料は低水準である。都内の賃料が上昇傾向にある近年においても、家賃の回復幅はわずかである。一方、ボンドストリートエリアに位置する低層オフィスは、元のオフィスグレードが低く、リーマンショック前には1万円代前半で推移していた。しかし2017年になると賃料が上昇し、大規模オフィスとほぼ同等、または一部ではそれを上回る水準となっている。

不動産業者からは、寺田倉庫が主導してきた小規模継続的整備によって、まちに「賑わい・いろどり」が出てきたことや、地域イメージが向上してきたことを積極

図7　リノベーションした倉庫に入居した広告デザイン企業

的に評価する発言が多く聞かれた。水辺空間を利用した施設の設置、ギャラリーやイベント開催による「アート」のイメージ付加などが功を奏し、賃料上昇につながったものと考えられる。

「建て替えない」ゆるやかなエリア価値向上の持つ可能性

ボンドストリートエリアでは、地権者の民間企業が主導して、あえて建て替えをせず、小規模継続的整備を通じてゆるやかにエリア価値を高めることを目指してきた。天王洲地区で行われきた整備の取り組みの一つ一つは、比較的小規模なものであるが、地区の将来を案じる地権者たちがこうした「小さな改善」を積み重ねることによって、地区の価値再構築に成功している。当地には開発余剰が限られており、また昨今の東京のオフィス市場動向から考えても、大規模な「再・再開発」による将来像は描きにくい。しかし、むしろそうした状況下だったからこそ、地権者が「小さな改善」に目を向け、地道なエリアマネジメントを長期にわたって推進することが可能だったともいえよう。

東京大都市圏では1980年代後半以降、都心部でのオフィスストックの逼迫を背景として、都心周縁部および郊外部での大規模オフィス開発が相次いだ。しかし2000年代以降は、規制緩和によって都心部でのオフィス開発が再び盛んになったことで業務機能が都心回帰している。[注3] 2012年以降の景気回復をうけて、都心

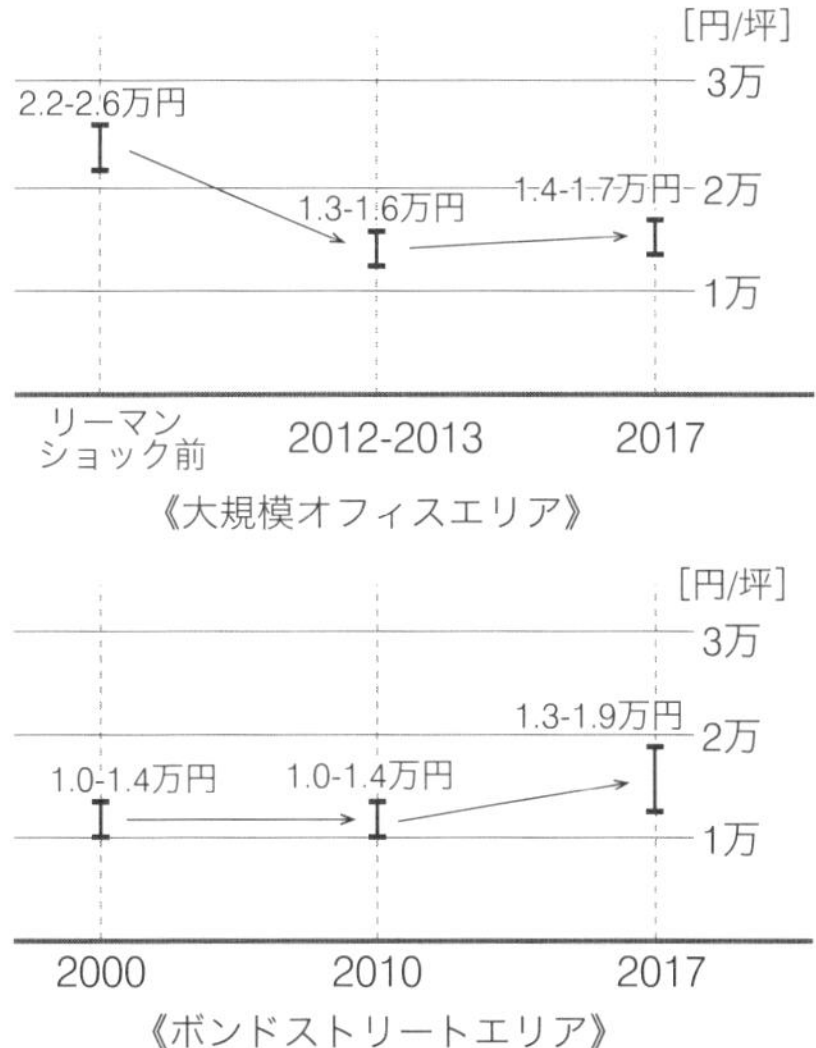

図8　両エリアの賃料レンジ（出典：山村崇・後藤春彦・田島靖崇、前掲書をもとに筆者修正）

注3　菊池慶之「オフィス機能の立地に関する研究の動向と課題―分散と再集中の視点を中心に」『地理学評論』83巻4号、402～417頁、2010年7月。

外の業務市街地でも業務床需要に回復傾向が見られる一方、幕張や天王洲の一部などでは賃料水準が長期間低迷を続けている。[注4] 将来に向けて就業人口が縮小していくなかで、今後はより多くの都心外の業務市街地が、厳しい市場環境に直面しつつ再生の必要性に迫られることになる。その際に、小規模な再投資の集中的かつ継続的な実施は、都心外の業務市街地の再生において、建て替えなど大規模再投資をともなわずにエリア価値を再構築するための有効なモデルの一つとなるだろう。

（山村　崇）

注4　シービーアールイー株式会社「関東・甲信越―賃貸不動産市場２０１９年6月期」２０１９・９（https://www.cbre-propertysearch.jp/article/market_trend-6-2019-kanto_koushinetsu／最終閲覧日２０１９・９・18）。

3-2

都市空間の活用イベントで住商工混在地区の魅力を示す

新宿区落合・中井地域「染の小道」

落合・中井周辺の染色産業の歴史

新宿といえば、超高層ビル群や歌舞伎町の繁華街をイメージされがちだが、新宿区には、日本の伝統工芸である「染め物」の文化が根づくエリアがある。今でも染色工房が点在し、新宿の地場産業の一つとしてその文化を守り続けている。その取り組みの一つが、落合・中井周辺で毎年開催されている「染の小道」だ。

「落合」という地名の由来は、神田川と妙正寺川が落ち合うことから名づけられ、川と関わりが深い。歌川豊国・広重の江戸自慢三十六興では「落合ほたる」が描かれており、当時からその水質の良さが伺える。

1923年の関東大震災を一つの契機として、上流の水質の良い立地を求めて、浅草や神田で営業していた染色業者が移ってくるようになり、一時は京都・金沢と並び、日本の3大産地と呼ばれるほどの染色業の集積地となった。町なかにおいても、職人が染め物の水洗いをする水元[注1]の作業風景が、昭和30年代まで川のあちこ

注1　水元とは染色の工程の一つで、防染のための糊や、定着しなかった余分な染料を水で洗い流す作業のこと。

ちで見られた。

近年では、染色業も時代の波を受けて、着物産業の需要の落ち込みや後継者の不足といった厳しい問題を抱えながら、点在する染色工房が伝統技術や文化を守ってきている。

この染色文化を地域に根ざした「資源」として、地域一体で取り組んでいるのが「染の小道」というイベントである。

地域イベント「染の小道」への展開

毎年2月下旬の3日間、落合・中井周辺では町じゅうが文字どおり「染め物」一色に染まる。町なかを流れる妙正寺川にはたくさんのボランティアによって100反を超える反物が張られ、商店街の店の軒先は染色作家の色とりどりののれん作品で彩られた。

しかし、イベントが現在の形になったのは2011年、3回目の開催時からである。「染の小道」が始まった当初は、地元の染色工房「二葉苑」や周辺のクラフト系のギャラリーがそれぞれの展示・企画を

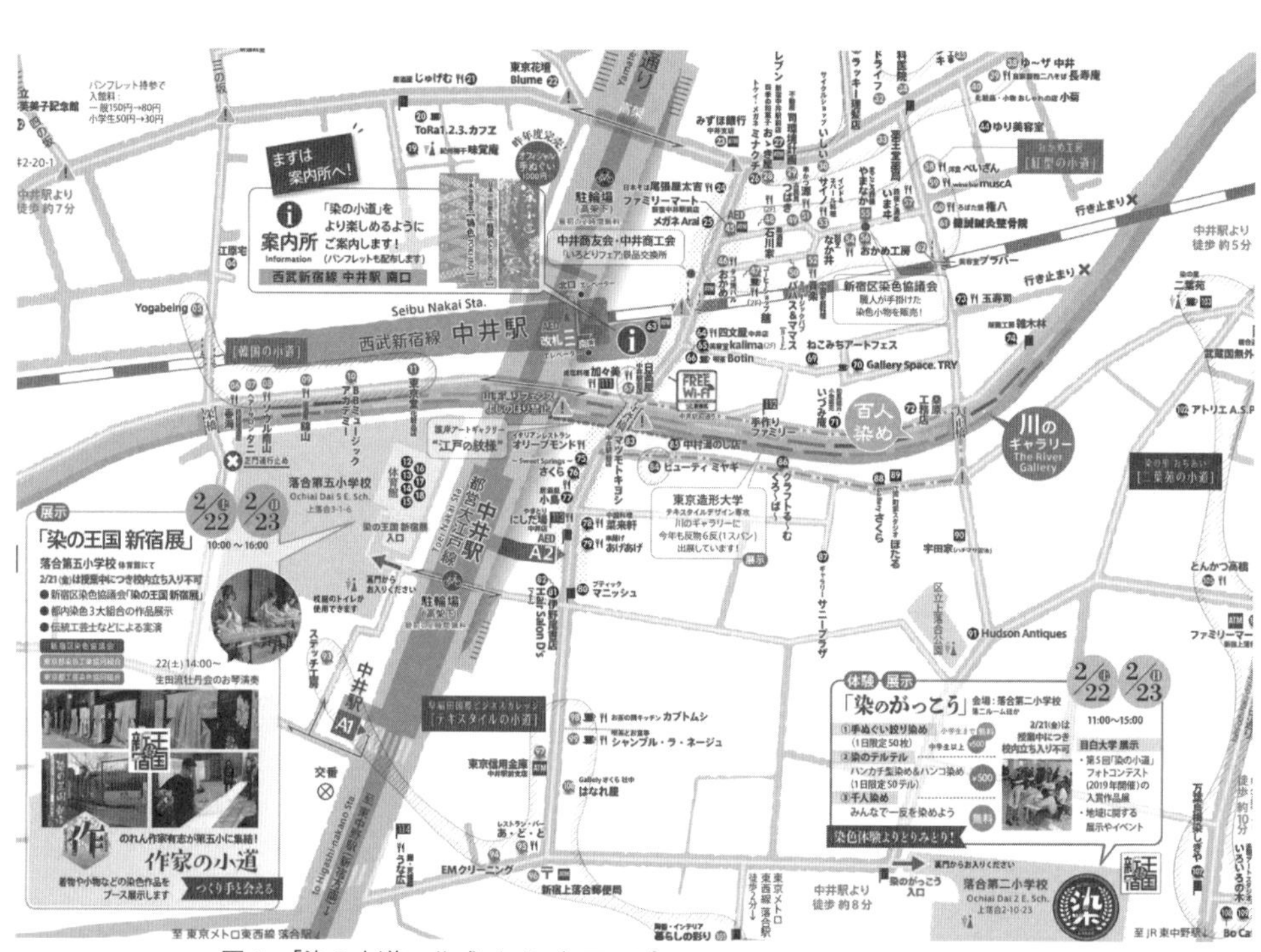

図1 「染の小道」公式イベントマップ（出典：染の小道実行委員会より提供）

図２　落合・中井周辺の様子（出典：図１に同じ）

図３　川のギャラリーの様子（出典：図１に同じ）

同時開催するだけのイベントだった。

2回目の開催前後から現在の川に反物をかける「川のギャラリー」のアイデアが話し合われ、すぐに染色工房の前の川で実験を行い、関係者にアイデアの共有がされた。3回目の開催に向けた最初の打合せ時には「川のギャラリー」や「道のギャラリー」の実現に向けて検討が始まっていた（図3、図4）。

伝統工芸のイベントでは、職人の技術の高さや作品性を重視するため、一般には敷居が高くなりがちである。染色職人でなくても、誰でも取り組みに参加できる企画の敷居の低さと、着想から行動までの早さが、現在までの「染の小道」の進展の大きさなけん引力になっている。

この二つの「ギャラリー」の企画をきっかけとして、新宿区や地元商店街、地元の染色組合である新宿区染色協議会をはじめ、地域のフリーペーパーを発行していた「おちあいさんぽ」のグループ、周辺に住む雑誌編集者、デザイナー、建築家、地元の目白大学等の大学関係者や学生などしだいに参加の輪が広がっていくこととなった。

アイデア次第で風景をつくりだす染色の文化

「小袖幕」という元禄時代の花見風俗がある。花見のおりに桜の

図4　道のギャラリーの様子（出典：図1に同じ）

樹から樹へと綱を張り、小袖を掛け連ねて、幕の代わりとして、そのなかで宴を楽しんだそうである。このように「染色」にはもともとアイデア次第で、空間に彩りを与え、風景をつくりだす可能性が秘められている。

さらに建築学科出身など職人気質のメンバーが多いことから、染の小道では展示設営のためのアイデアの着想・実験がさまざまな形で先行しつつ、それをフォローする形で組織運営が行われてきたことで、結果的に広がりを生みだすことになった。

２０２０年２月で染の小道は12回目の開催を迎えることとなったが、落合・中井周辺の染色によるまちづくりの取り組みは、イベント３日間だけではない。染の小道の「川のギャラリー」にかける反物を、地元の小学校や保育園、障がい者施設などで作成する「百人染め」の取り組みをはじめ、新宿駅周辺の百貨店等での出張ワークショップや、最近では妙正寺川の護岸に、高圧洗浄機で洗うことで伝統柄を染め抜く「護岸アートギャラリー」などの取り組みを行っている（図５）。

染の小道実行委員会の体制

イベントを主催する「染の小道」実行委員会は、住（住民）・商

図５　護岸アートギャラリーの様子（新宿区との協定に基づく許可のもと、作業しています）（出典：図１に同じ）

（商店街）・工（職人）の地域ぐるみの運営体制となっている。地域全体の取り組みとして、実行委員会の代表は年度ごとに入れ替わり、商・住・工の順番で選出されている。

会が重なるごとに組織体制が固まっていき、川のギャラリーを担当する「川のギャラリー班」、道のギャラリーにおける店舗の対応を担当する「道のギャラリー店舗班」、染色作家の対応を担当する「道のギャラリー作家班」、その他「広報班」「制作・イベント班」「渉外班」、当日ボランティアを募集し取りまとめる「サポーター班」など、全員が他に本業を持ちつつ、できることを持ち寄るボランティア体制のため、班を設けて運営を行っている。

取り組み開始から10年以上経った現在も、月1回のペースで会合が開かれ、全体の活動を共有しながら取り組みが進められている（図6）。

「染の里」を未来へつなぐ

実行委員会の地道な取り組みによって、「染の街」としての認知度は高まり、2018年3月に策定された新宿区まちづくり長期計画のエリア戦略では、中井駅周辺において「染色業などの地場産業による地域の魅力向上」が位置づけられるまでになった。

一方で、染色工房にも変化が起こり始めている。

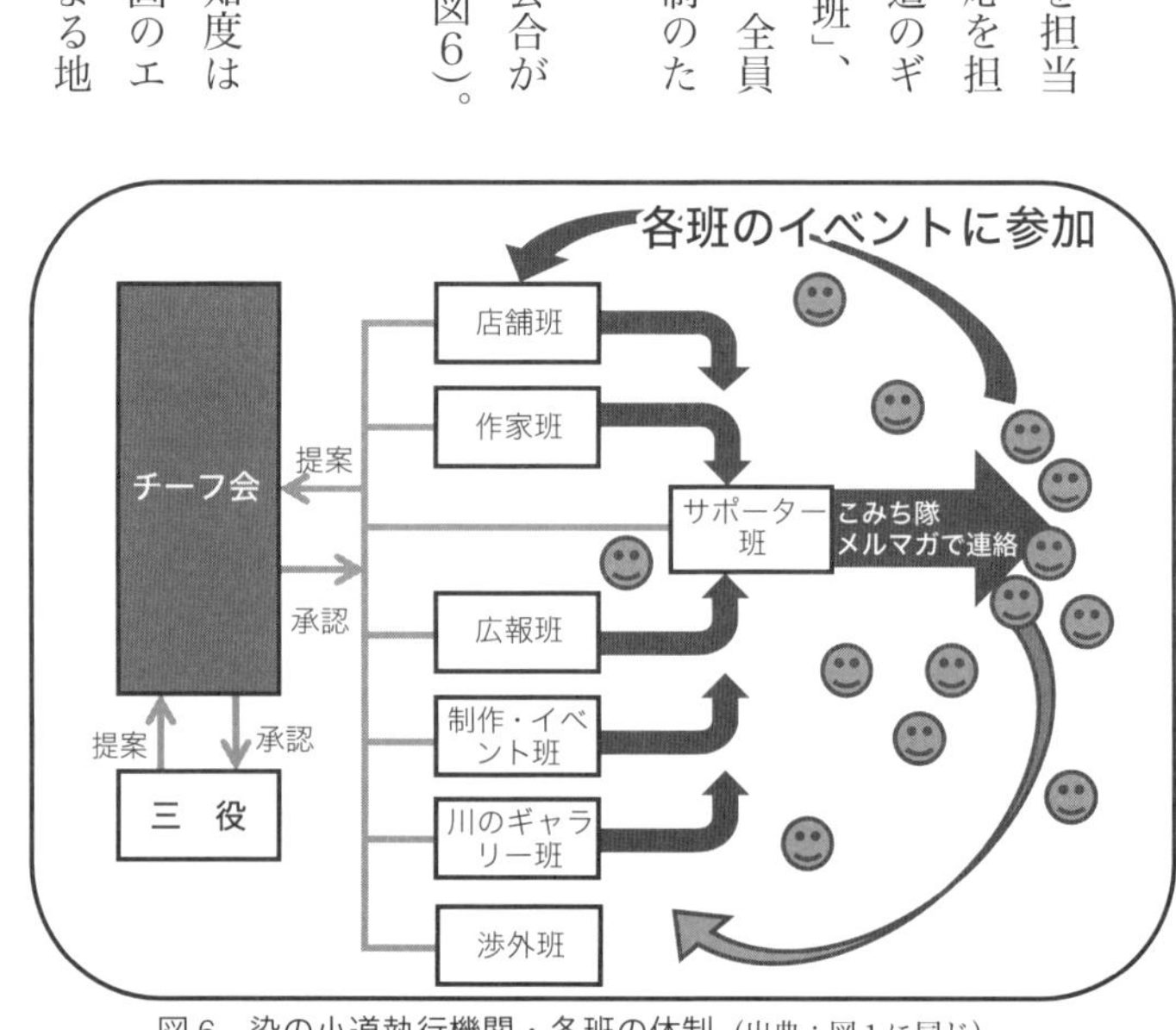

図6　染の小道執行機関・各班の体制（出典：図1に同じ）

落合・中井周辺の染色工房として、染の小道においても拠点的な役割を果たしてきた「染の里 二葉苑」の経営母体である株式会社二葉が創業百年となる今年2020年に、一般社団法人「染の里おちあい」に「染の里 二葉苑」の事業が引き継がれることとなったのである。

家業として事業が引き継がれていく傾向の強い染色工房を次の百年に向けて、「共同運営的工房」として継承していく新たな取り組みである。

事業継承にあたっては、染の小道の関係者を中心とした外部のメンバーが呼びかけられた。染の小道の代表を担った経験もある高市洋子氏が「染の里おちあい」の代表理事となり、「二葉苑」の染色事業を引き継ぎ、工房を「二葉苑」から借り受けて事業を行うこととなった。

染の里おちあいの取り組みと今後

染の里おちあいは、通称おちあいさん（落合産）と呼ばれている。おちあいさんは従来の業務を引き継ぐ一方で、地域に開かれた工房として、日常生活のなかで「染め物」を楽しんでもらいたいという思いから、工房の中庭に藍畑

図7　染の里おちあいの藍畑の様子（出典：一般社団法人染の里おちあいより提供）

をつくり（図7）、自分が育てた藍を使って染めることのできる藍染め体験の取り組みを行っている（図8）。藍を生葉で染めると、ターコイズブルーのような鮮やかな色に染まる。地元小学校の授業でも藍染め体験を実施するなど、地域に根ざした取り組みを目指している。

おちあいさんでは、このような染色商品の開発と販売、染色体験、教室の開催、シェア工房の運営などが取り組まれている。

染色文化を守ってきた染色工房の多くが後継者問題を抱えているなかで、家業であるがゆえに型紙などのデザインやブランドを工房が所有しているなどの事情もあり、若手の職人の独立が難しく、現状では染色工房の廃業とともに、工房内にある型紙などの文化的な資源や技術も一緒になくなってしまう可能性がある。

このような状況のなかで、地域の染色工房や、地域の関係組織も一緒になって共に産地を守っていくための仕組みが求められているのではないだろうか。「染の里」を未来につないでいくために、地域から生まれた新たな取り組みへの期待は大きい。

（坂井　遼）

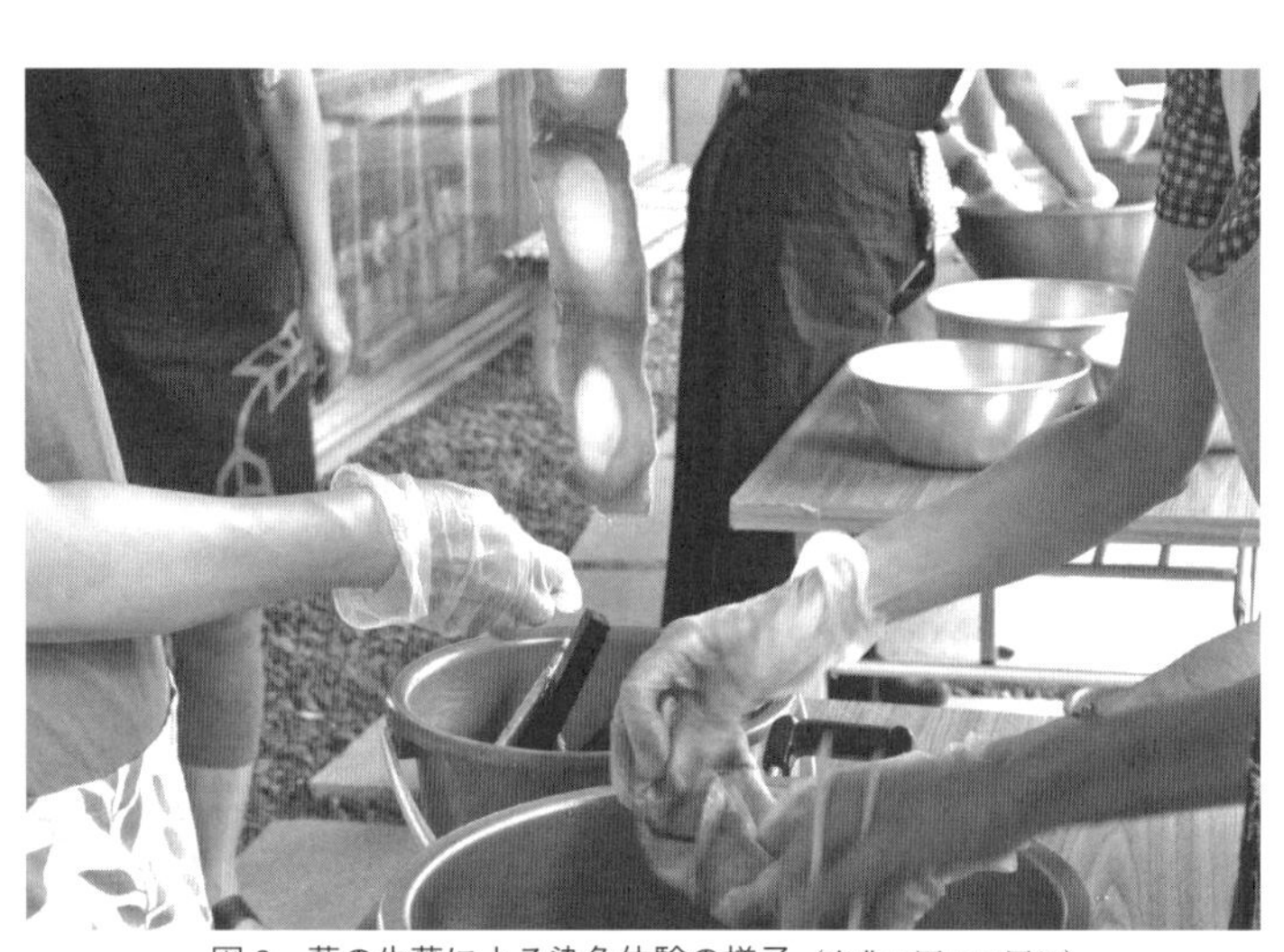

図8　藍の生葉による染色体験の様子（出典：図7に同じ）

3-3 小規模事業を連鎖し暴れ川を水辺空間化する

宇都宮市釜川地区

釜川は宇都宮市の北西から南東に斜めに流れ、釜川地区はそのなかでも市街地の地理的中心に位置し、中心市街地活性化における戦略上重要なエリアである。かつて当地区は連れ込み宿の立ち並ぶ赤線地帯であり、釜川では氾濫が激しかったが、全国初の2層河川として豊かな水辺空間が整備された。一方、その過程で、連れ込み宿が立ち退き、バブル崩壊も重なった結果、空き家化や空き地化が進行した。しかし、近年、好立地で自然の感じられるエリアに目をつけ、かつての赤線地帯のイメージを持たない若いアーティストや建築家、服飾デザイナーといったクリエイティブ・クラスが集積するようになった。

本稿では、釜川を基軸とした小規模事業を連鎖させ、地域ビジョン・街並みを醸成するプロセスに焦点を当てる。

クリエイティブ・クラスが集まりつつあったなかで、2011年に東日本大震災が起こり、コミュニティへの注目が高まった結果、釜川地区でもまちづくり活動が起こるようになった。カマガワ・デパートメント（KAMAGAWA DEPARTMENT）（図4）と

図1　釜川地区の位置（出典：国土地理院基盤地図情報を加工）

称して竹テントを用いたお祭りや「カマガワヨルサンポ」と題したファッションショー（図5）、川床等のさまざまな釜川を活かした活動が行われた。そのなかでも、カマガワ・ポケット（KAMAGAWA POCKET）と称する、当時宇都宮大学の学生だった中村周氏を中心としたセルフビルドによる小さな屋根付きの前庭を持ったリノベーションが一連の活動のなかでの象徴的な出来事である。

カマガワ・ポケット（図6）はさまざまなまちづくり活動の拠点となっており、その前庭は「ツキイチトショカン」等のイベン

図2　かつての釜川（出典：宇都宮市）

図3　現在の釜川

図4　カマガワ・デパートメント

図５　カマガワヨルサンポ

図６　カマガワ・ポケット

トに活用され、釜川のまちづくり活動を可視化する一つのメディアになっている。これらは民間団体や宇都宮市、第3セクター等の多様な主体のもと、実施されてきた。そのなかで、全体のまちづくりの方向性を検討すべく、任意団体「釜川から育む会」が中村氏らによって立ち上げられ、他団体と協働してビジョンの検討等を行っている（図7）。中村氏は現在、平日東京に勤務しながら週末宇都宮に来て活動するという働き方をしている。彼をはじめとして、週末限定や月1回程度といった頻度で釜川地区と関わりを持つ、いわゆる関係人口の増加が当該取り組みの推進力となっている。

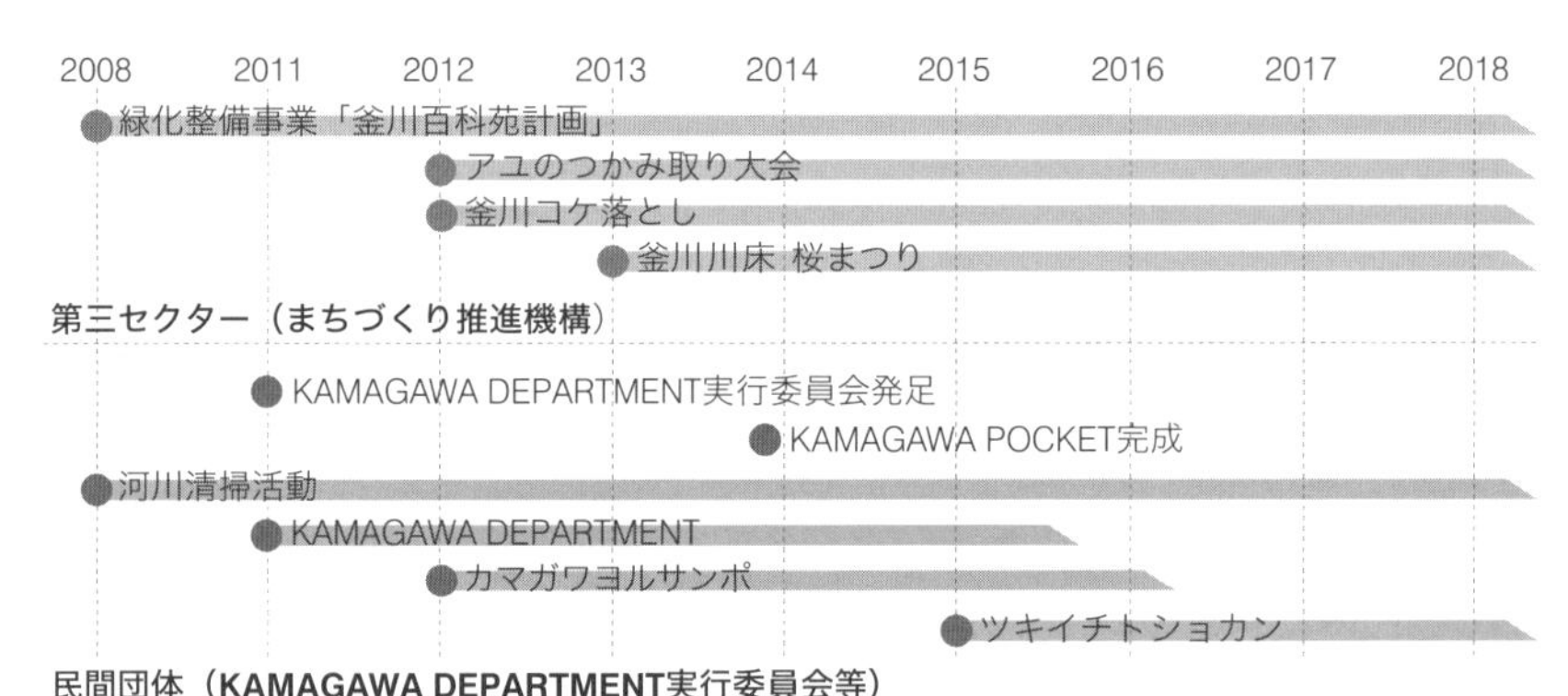

図7　釜川地区における多様な主体の活動年表

図8　釜川源流でのワークショップ

釜川流域としての活動の展開

釜川地区に留まらない釜川の自然資源を活かそうとする活動も本取り組みの特徴である。豊かな都市河川環境を育むことを目的として、釜川から育む会による水質や生態系といった河川環境の調査や体験ワークショップが行われている（図８）。源流の東弁天沼と西弁天沼で行われた調査では、サワガニが多くみられ、ホトケドジョウやスナヤツメといった希少生物が発見された。これらの活動は、子育て世代が親子でまちや川に関わる機会を提供している。

釜川では、これまでも清掃活動や、川沿いの花壇に花を植える活動等は高い頻度で行われており、治水工事以前の状態より浄化されたものの、都市河川特有の臭いやゴミは依然として課題であった。これらの取り組みは、水質改善のための調査や生物多様性の確保といった河川環境の根本的な改善の第一歩と捉えられる。

源流の西弁天沼付近にある竹農場「若竹の杜 若山農場」は、関東圏ではかなりの規模の竹農場である。釜川におけるさまざまなイベントでは、竹を協賛として提供しており、豊富な自然資源の一つである。２０１９年には、釜川での継続的な取り組みの過程で生まれた宇都宮大と若山農場のネットワークにより、農場でのパビリオン製作（図９）が行われ、教育の場

図９　若山農場でのパビリオン製作

図 10　土祭

図 11　イシキリテラス

としても機能している。

関係人口による宇都宮市都市圏としての活動の展開

釜川地区に関わる人々は、益子・大谷等をはじめとした宇都宮市都市圏でさまざまな活動を行っている。益子では、民藝運動の拠点だった町の再生を目指すイベント「土祭（ひじさい）」（図10）があり、中村氏も一部参画し、それ以来、益子とのネットワークを広げている。また、大谷との関わりを持つ地元建築家の佐藤貴洋氏・城生一葉氏は大谷石の加工場だった場所を休憩やイベント場所として利活用していく「イシキリテラス」（図11）と題した取り組みを行っている。

ビルトザリガニを起点とする官民連携

これらの宇都宮市内外でのつながり・活動を有する中村氏と佐藤氏・城生氏を中心とした社会的企業「ビルトザリガニ」が設立され、釜川沿いの「ゴールドコレクションビル」（GCB、図12）のサブリース事業を立ち上げた。エリア価値の向上した現在では、1、2階は空室も少ないうえに賃料相場も上昇している一方、ビルの上層階は空室が目

図12　ゴールドコレクションビル（GCB）外観

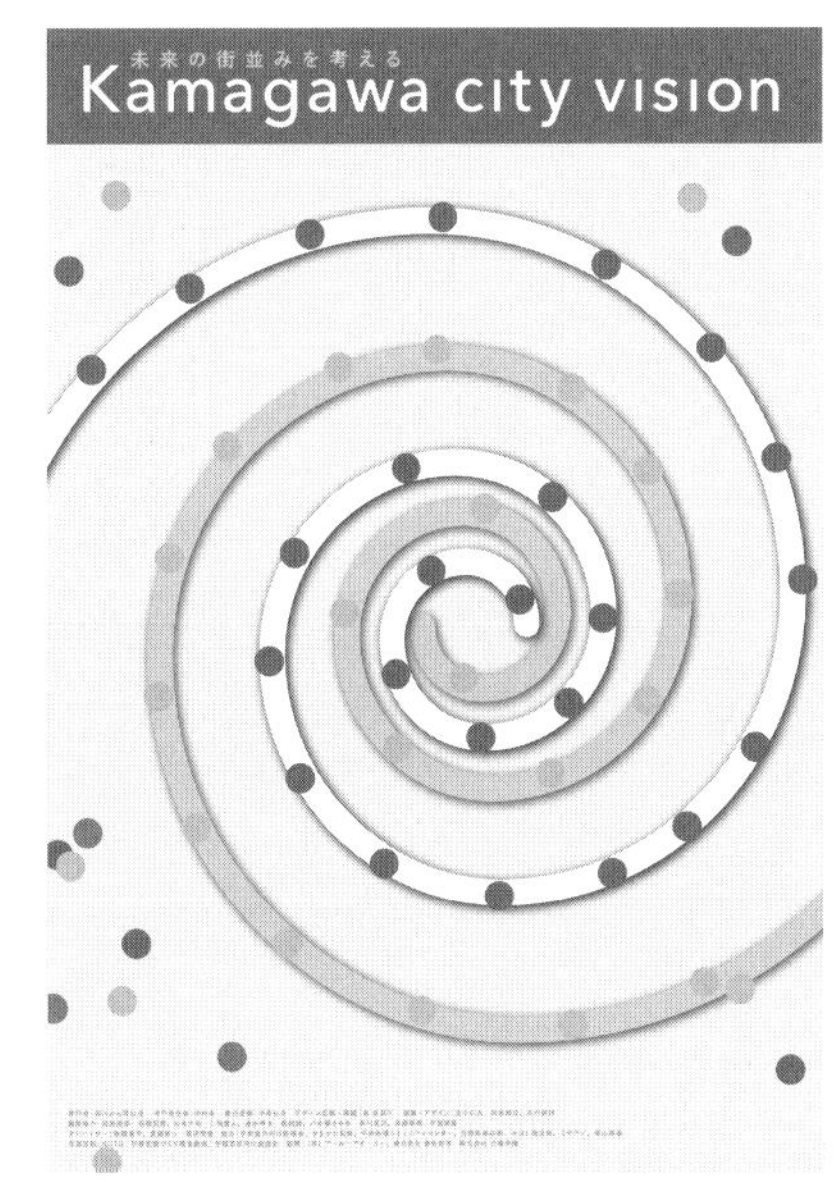

図13　Kamagawa city vision（表紙デザイン：泉美菜子）

自由に使える余白

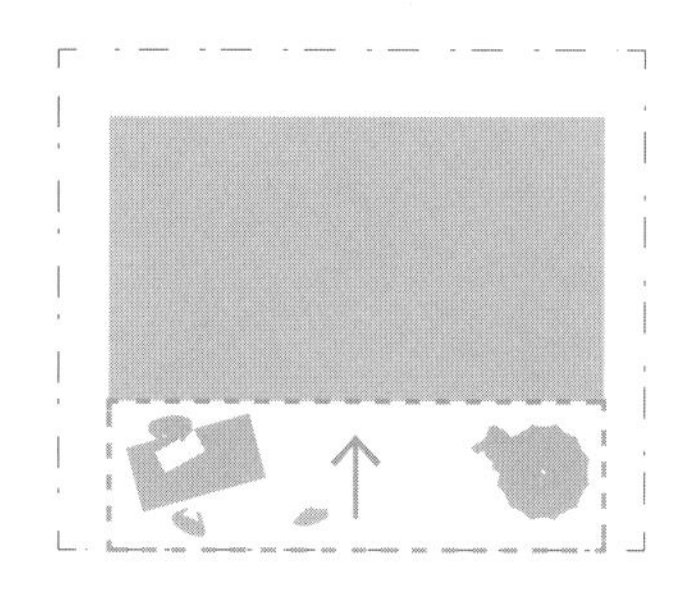

建物を後退させ、
自由に使える空間をつくる

張り出しテラス

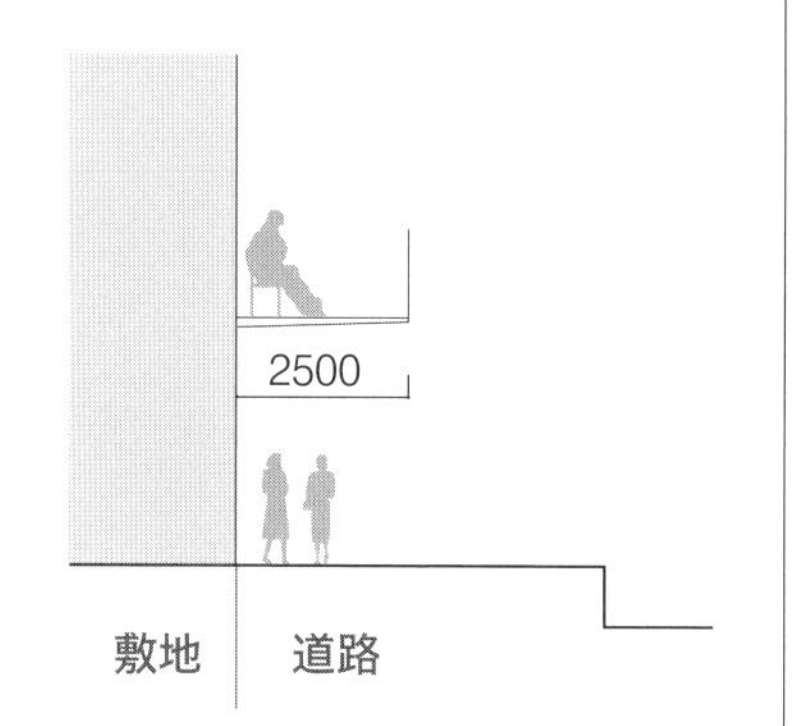

上空占用によるテラスを道まで
拡張し、低層の活動を可視化する

川底の有効利用

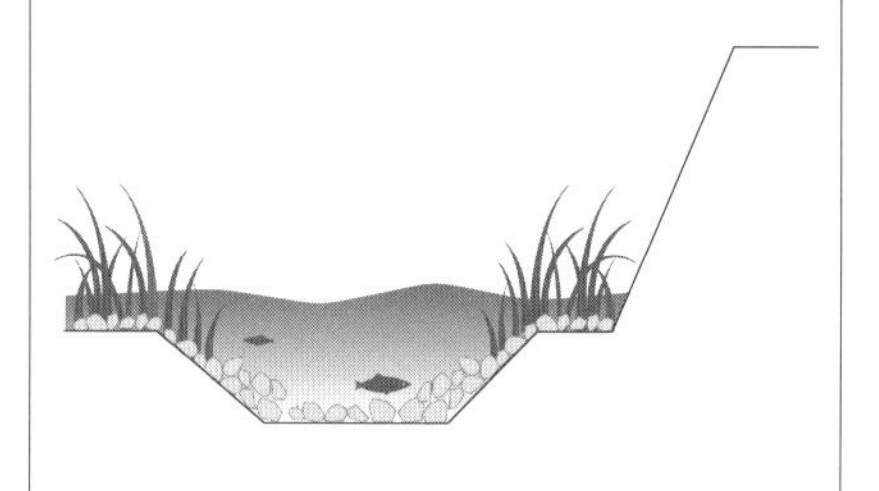

川底のコンクリートの一部をはつる
ことで、砂と砂利の溜まり場ができ、
植物や生き物の居場所を作る

風を制御する植栽・建物計画

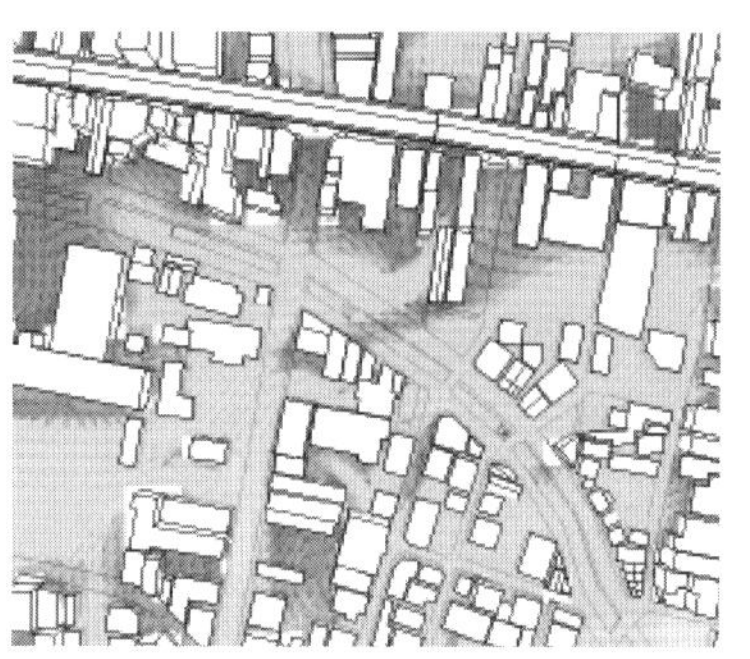

北東から吹く風を夏には取り込み、
冬には遮るように、植栽や建物を
計画していく

図14　カマガワ・シティ・ビジョン：街並みの要素と原則（案）・アイデア集（一部）

立ち、空き駐車場化も進行しており、それらの活用は喫緊の課題である。「ビルトザリガニ」は事業として課題解決に取り組んでおり、そのパイロットプロジェクトとして、「ゴールドコレクションビル」の空室だった上層階を、シェアオフィスを主とする自社オフィスを含むクリエイティブ・クラスの拠点として徐々にリノベーションしている。そのオフィスには、宇都宮に研究機関を持つ企業のエンジニアが入居し、自主的にレーザーカッターや3Dプリンターの機材を導入し、ものづくりワークショップを行う等、ファブラボのような機能を果たすにいたっている。

一方、宇都宮市は現在、景観形成重点地区の指定の動きがあった。景観法では、「潤いのある豊かな生活環境の

図15　カマガワ・シティ・ビジョンの実現（張り出しテラス）

創造及び個性的で活力ある地域社会の実現を図り、もって国民生活の向上並びに国民経済及び地域社会の健全な発展に寄与することを目的とする」（景観法第1条）と定義されており、景観は視覚的な要素に留まらないものである。「釜川から育む会」などの地域組織は地区のビジョンと景観ガイドラインが関連を持ったものにしようと企図し、カマガワ・シティ・ビジョン（Kamagawa city vision）のβ版を作成した（図13、14）。それを契機に官民連携の機運が高まり、これまでの草の根的な活動が国土交通省官民連携まちなか再生推進事業に採択され、釜川クリエイティブエリア促進協議会が２０２０年10月に設立された。そして具体的な取り組みに向けてベータ版の検討を深化させるとともに、そのアイデアの実現に向けて動きだした。２０２１年４月には張り出しテラス（図15）が実現し、その第一歩を刻んだところである。

（中島弘貴）

謝辞

本稿の執筆にあたり、ビルトザリガニまちづくり合同会社・中村周氏に多大なご協力を賜りました。深く感謝申し上げます。

参考文献

・宇都宮市下水道部河川課『釜川のあゆみ　釜川竣工記念誌』１９９３年。
・釜川改修20周年記念事業実行委員会『写真で見る釜川の歴史と今』２０１２年。
・宇都宮市「第２期宇都宮市中心市街地活性化基本計画」２０１５年３月。
・中村周「釜川の風景をはぐくむ」『建築設計３「明日の建築をひらく最若手の言論」』日本建築設計学会、34〜35頁、２０１６年４月。
・釜川から育む会『Kamagawa city vision—未来の街並みを考える』２０１９年。

3-4

地域エネルギー事業によるまちづくり資金の創出

板橋区板橋宿

江戸四宿の一つである板橋宿は中山道の1番目の宿場町にあたる。短冊状の町割りが残り、宿場町としての歴史を現在に継承する町である。近年、建物の老朽化や相続などへの対応から、マンション開発などが進み、宿場町としての歴史的風致がさらに失われつつある。2018年には、地域のシンボルともいえる銭湯「花の湯」が廃業し、保存運動も行われたが、惜しまれながらも107年の歴史に幕を下ろした。このような経験から、東京都板橋区板橋の旧中山道板橋宿界隈を対象とし、地域文化・歴史を大切にし、空き家や空き店舗、密集市街地等の課題解決のため、まちづくりをとおして地域のあり方を再構築していくことを協議する組織として、板橋宿まちづくり協議会が組成されている。しかし、協議会は大きな承認の場である。そのため、リスクを取って具体的なプロジェクトを推進する組織として、まちづくり会社「株式会社向こう三軒両隣」が組成され、協議会や商店街の承認を受けながら、プロジェクトを推進している。

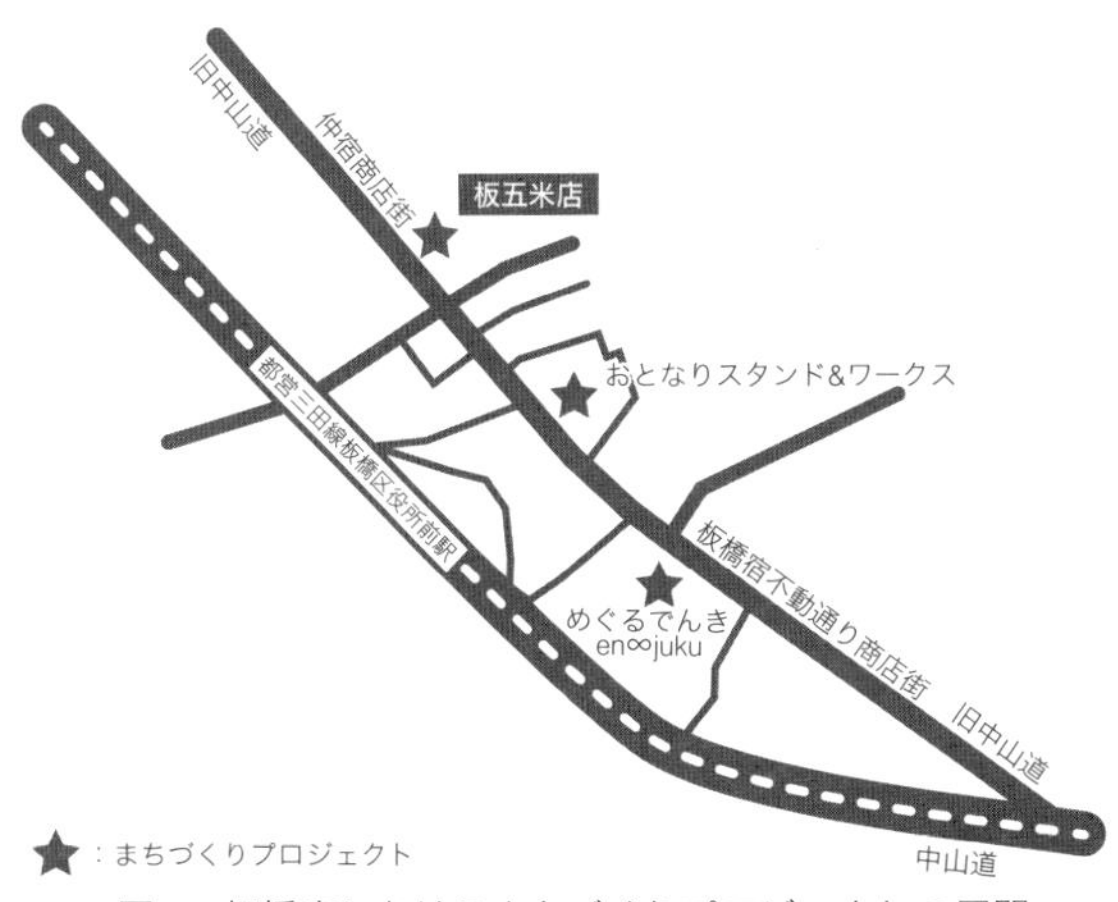

図1　板橋宿におけるまちづくりプロジェクトの展開

まちづくり会社には、地域の商店主や不動産会社などのほかに、地域電力会社「めぐるでんき株式会社」が参画しており、再生可能エネルギー由来の電力を供給するだけでなく、電気料金の一部を地域に根ざした持続性のあるプロジェクトに投資する取り組みを行っている。

「めぐるでんき株式会社」は、再生可能エネルギーを中心に供給する電力会社である。供給する電力は「みんな電力」が再生可能エネルギーで発電したＦＩＴ[注1]電気を積極的に仕入れている。２０１８年度にはＦＩＴ電気比率75％を達成し、将来的には１００％再生可能エネルギーでの電力供給を目指している。また、「めぐるでんき株式会社」は２０１９年3月、板橋区とスマートシティ連携協定を締結し、板橋区内の公立小中学校に対してゼロ・カーボンの電力供給を行った。

「めぐる電気株式会社」の最も特徴的な取り組みは、電気代の一部を地域活性化のためのプロジェクトに還元する仕組みである。「めぐるスイッチ」と名づけられたその仕組みは、「めぐる電気株式会社」がまちづくりと関わるなかで見えてきた、地域に根ざした持続性のあるプロジェクトのなかから支援対象を設定し、電気契約者は、月々支払う電気料金から支援するプロジェクトを選択できるというものである。このような仕組みを作ることをとおして、地域の共感と支援を増やしていくとともに、再生可能エネルギーへの転換を実現することを目的としている。

２０１８年「めぐるでんき株式会社」の事務所を旧中山道宿場町である板橋宿の不動通り商店街に開設し、子ども・子育て支援、マイノリティの支援、まちづく

注1　ＦＩＴ（Feed in Tariff）：再生エネルギーの固定価格買取制度。

り・地域活性化等のプロジェクトに資金提供をしている。子ども・子育て支援では板橋区ママコミュニティ「マムスマイル」の地域団体の支援、マイノリティの支援では地域の高齢者や障がい者支援のためのギャラリースペース「コミュニティスペースen∞juku」の実現、まちづくり・地域活性化支援では地域の人々が気軽に立ち寄れるコミュニティカフェ兼シェアオフィス「おとなりスタンド&ワークス」の実現など、地域コミュニティを育む数多くのイベントの支援が進んでいる。

まちづくり会社「株式会社向こう三軒両隣」と地域電力会社「めぐるでんき株式会社」との連携により、新たに実現したのが、空き店舗となっていた宿場町の歴史を継承する「板五米店」を活用し、後世に継承するプロジェクトである。この建物が長年空き店舗となっていたのは、用途変更に対する建築基準法への適合の困難さと高い家賃とそれに見合った活用が困難なことであった。しかし、2019年6月、改正建築基準法が施行され、用途変更に対して確認申請が必要となる規模について見直しがなされ、申請不要の規模上限が100㎡から200㎡となったことで、新たに飲食店としての用途変更に道筋ができた。また、高い家賃に対しては、前述した「めぐるスイッチ」の支援対象として家賃支援を行うことになった。

板五米店の再生では、計画段階、工事段階、運用段階のすべてのプロセスに多くの地域住民の参加の機会が与えられた。具体的には、事業企画やプランニングについては、まちづくり会社が商店街と協議を重ね検討し、

図2　おとなりスタンド＆ワークス

見学会、大掃除WS、塗装WS、障子貼りWS、家具づくりWSなど、さまざまなワークショップを行いながら、プロジェクトが推進された。

資金調達については、地域のシンボルともいえる歴史的建造物をまちづくり市民事業により再生することが地域の共感と支援を集め、板橋区の空き店舗対策事業による補助金のほかに、まちづくり会社「株式会社向こう三軒両隣」と地域電力会社「めぐるでんき株式会社」による出資金、「めぐるでんき」契約者からの支援金、そして、クラウドファンディングによる多くの寄付金が集まった。

２０１９年１２月、米屋としての建物の履歴を活かし、おむすびやスイーツ等を楽しめるカフェ機能、地域のコミュニティ活動拠点、座敷などで貸し切り会食ができる地域のユニークベニュー[注2]として再生された。さらに、地域のレセプション（受付）機能も持ち、板橋宿ツーリズムの案内所となっている。また、板橋宿は後背地に密集市街地を抱え、防災性に配慮した空き家対策が課題となっている。そのため、まちづくり会

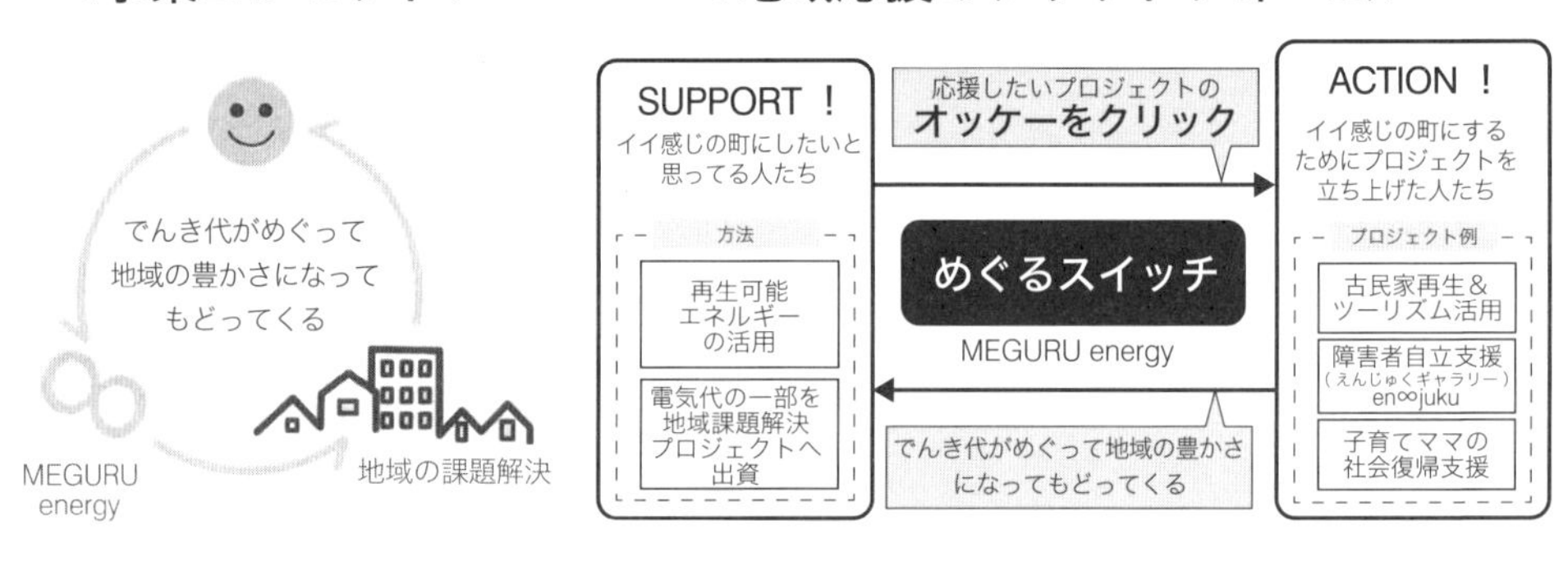

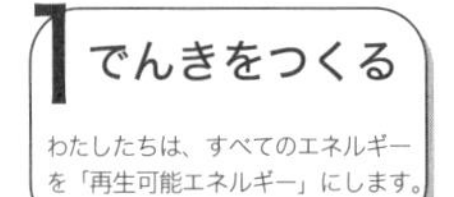

めぐるでんきに支払う電気代の一部を、地域活性化のためのプロジェクトに還元する仕組みが「めぐるスイッチ」です。短期間で資本金を集めるクラウドファンディングとは違い、地域に根ざした持続性のあるプロジェクトに資金を投資していくことにより、地域の共感と支援を増やしていくのが目的です。

図３　地域電力「めぐるでんき株式会社」のまちづくりとの連携

図4　再生された板五米店（外観）

図5　再生された板五米店（内観）

注2　ユニークベニュー（Unique Venue、特別な会場）

社では、今後、商店街と連携し、宿場町という歴史を活かし、空き家などを活用したゲストハウスを地域で推進する取り組みを予定している。

わが国では、持続可能な社会再編のために、既成市街地への新たな介入方法やそれを支える社会的資金の確保が重要な課題となっている。近年、空き家や空き店舗を社会再編のきっかけとする、民泊（観光業）や地域包括ケア（福祉サービス業）など、既成市街地へのさまざまな介入産業の萌芽が見られる。また、地方分権にともなう目的税（宿泊税・入湯税等）やふるさと納税、クラウドファンディングなど、まちづくり市民事業を支える、新たな社会的資金の調達方法が生まれてきている。

板橋宿のまちづくりでは、地域エネルギー事業でまちづくり資金を創出し地域課題を解決し、さらには、再生可能エネルギーへの転換というＳＤＧｓにつながる新たな社会モデルの実現が期待される。

（益尾孝祐）

4 章

災害脆弱性への取り組みを、新しい価値の創造につなげる

4-1

ミクロな防災整備事業で住環境を改善する

京島地区、太子堂地区等

密集市街地では、主に市街地の不燃化を目指し、道路の拡幅整備や共同化、老朽建物の除却や建て替え促進など、多様な防災整備事業が活用されている。一方、これらの手法は整備内容が違っても、どれも建て替えをともなう整備手法であり、市街地更新の手段と捉えることもできる。とくに老朽建物が密集し、権利関係が複雑等の理由で建て替えがなかなか進まない地域において、防災整備事業の機会を防災性向上のためだけでなく、市街地の課題解決や魅力づくりに活用できれば一石二鳥である。ここでは、住宅市街地において、独立行政法人都市再生機構（以下「UR」）が行った防災整備事業による市街地の住環境改善の効果を確認し、その可能性を考察する。

URによる密集市街地整備の特徴と整備効果

密集市街地の整備に関しては、1995年の阪神・淡路大震災での市街地大火を教訓として、1997年に「密集市街地における防災街区の整備の促進に関する法律」が制定され、その後も改正により制度が強化されてきた。加えて2001年には、内閣総理大臣が本部長を務める都市再生本部が、都市再生プロジェクトとして密集市街地の緊急整備を打ちだすなど、大きな政策課題として対策が講じられてきた。また、東京都では、「木密地域不燃化10年プロジェクト」を策定するなど、自治体による施策も強化されている。

密集市街地の整備方法としては、地区計画等による規制誘導による方法と、防災生活道路の拡幅のような整備事業による手法があるが、URが行う密集市街地整備は、防災整備事業により早期の防災性の向上を図ることを主な目的としている[注1]。

密集市街地の整備主体は、基本的には地方公共団体であるが、マンパワーやノウハウを補う必要がある場合には、URが要請に基づき支援を行う。整備を実施する場合のプロセスは、整備計画を地方公共団体が作成し、地元との協議をへて決定し、それに基づき事業を実施していくというものである。建て替え促進や地区計画等の規制・誘導による方法と整備事業を組み合わせる場合が多く、その推進には地元との綿密な協議や調整が必要となる。そのため、まちづくり協議会の組織化を行い、地区ごとの状況、整備内容、適用する手法等に応じて、協議会と地方公共団体、UR等との連携体制を構築して進めていくことになる。

a　コーディネート（整備計画策定等）
b　防災性の高い拠点整備（太子堂三丁目、梅田五丁目等）
c　都市計画道路の整備（三軒茶屋、梅田五丁目等）

注1　密集市街地におけるURの取り組みはUR密集市街地整備検討会編著『密集市街地の防災と住環境整備』学芸出版社に詳しく紹介している。

d　防災公園の整備（西ヶ原四丁目等）
e　市街地再開発事業（曳舟駅前）
f　防災街区整備事業（京島三丁目、門真市本町）
g　共同化（神谷一丁目、東池袋等）
h　土地区画整理事業（太子堂三丁目、根岸三丁目）
i　防災生活道路の整備（太子堂三宿、中葛西八丁目等）
j　木密エリア不燃化促進事業（集中的土地取得による建替え等促進）（東池袋、京島、荒川二・四・七丁目、弥生町、豊町二葉西大井等）
k　従前居住者用賃貸住宅の建設・管理（荒川二・四・七丁目、根岸三丁目等）

防災整備事業による市街地更新および住環境への影響

ＵＲが行っている防災整備事業のなかから、代表的な整備手法である防災生活道路の整備、共同化の手法である防災街区整備事業、木密エリア不燃化促進事業の三つの手法について、市街地更新および住環境への影響について整理する。

(1) 防災生活道路の拡幅整備

地方公共団体からＵＲが防災生活道路の用地買収等を受託して、幅員４ｍ未満の道路を幅員６ｍ程度以上に拡幅整備する事業である。防災生活道路の整備は、広域避難場所等への避難路や緊急車両の動線の確保、沿道の建て替え促進効果による沿道の不燃化など防災上の効果が大きい。地方公共団体が整備する場合に比べ、ＵＲが集中的に実施することから早期の事業完了が可能である。また、実施に際しては、代替地の提供、権利者の住まいの確保等により、近傍で住み続けられる工夫をしている。

事例　太子堂三丁目地区（三太通り）

事業手法　防災生活道路整備（拡幅）
事業主体　世田谷区（URが用地買収等を受託）
事業概要　延長約６５０ｍ 幅員４ｍ→６ｍに拡幅
事業期間　２００７〜２０１４年度
権利者数　土地所有者50人、借地権者16人、借家権者28人

この地区は国立小児病院跡地の整備（URが土地を取得のうえ基盤整備を実施し、整備済み敷地を民間事業者に譲渡・賃貸する際に、防災空地、高齢者施設等の整備を条件づけ）から始まり、三太通り（防災生活道路）の整備、区画整理による道路整備へと連鎖的に事業を展開した事例である（図1）。

防災生活道路整備による沿道の建物更新の事例である三太通りの拡幅整備において、URが事業着手した２００８年7月以降の拡幅にともなう補償対象となった権利者の建て替

図１　太子堂三丁目地区整備計画

え等の状況は、図2、表1のとおりである。[注2]

補償対象宅地43件のうち16件が除却され、9件が地区内で建て替えている。構外再築補償となった20件のうち2件は、三太通り沿道の代替地に再築している。また、補償に際して借地関係を解消して賃貸アパートに建て替えた事例、別々だった建物を共同化した事例もあった（図3）。このように、防災生活道

表1　補償対象権利者の建て替え等の状況

補償内容	宅地数	権利者の実際の更新					
		建物除却				改築	工作物改築
		地区外移転	再築	代替地再築	更地管理		
構外再築	20	5	4	2	2	7	0
構内再築	4	0	3	0	0	1	0
工作物	11	0	0	0	0	0	11
土地のみ	8	–	–	–	–	–	–
合計	43	5	7	2	2	8	11

（出典：注2）

図2　三太通り沿道の建物更新状況（出典：注2）

図3　更新された建物による街並み

路の買収による整備は沿道の建て替えを促進するとともに、共同化等を誘発する効果も期待できる。

(2) 防災街区整備事業（共同化）

防災街区整備事業は、細分化された敷地の統合、建築物の不燃化および道路の整備等を実現する手法である。防災街区整備事業は、「密集市街地の防災街区の整備の促進に関する法律」に基づく事業制度で、市街地再開発事業と同様の手法であるが、土地から土地への権利変換が可能であり、市街地再開発事業よりも権利変換の選択肢を増やすことで合意形成の促進を狙った制度である。

注2　大野新五「事業者から見た密集市街地整備手法と円滑な事業推進策と効果に関する考察」一般社団法人再開発コーディネーター協会『再開発研究』32巻、2016年より引用。

事例　京島三丁目地区（東京都墨田区）

事業手法	防災街区整備事業
施行者	都市再生機構
区域面積	約0.2ha
事業期間	2010～2013年度
権利関係	土地所有者6名、借地権者7名、借家権者4名
施設建築物	RC造5階建て、容積率200%

京島三丁目地区の事例では、共同化による建物更新の効果としては、老朽化した建築物11棟が、防火基準に合った戸建住宅2棟、鉄筋コンクリート造の共同住宅1棟に建て替わ

図4　三太通りの拡幅前後

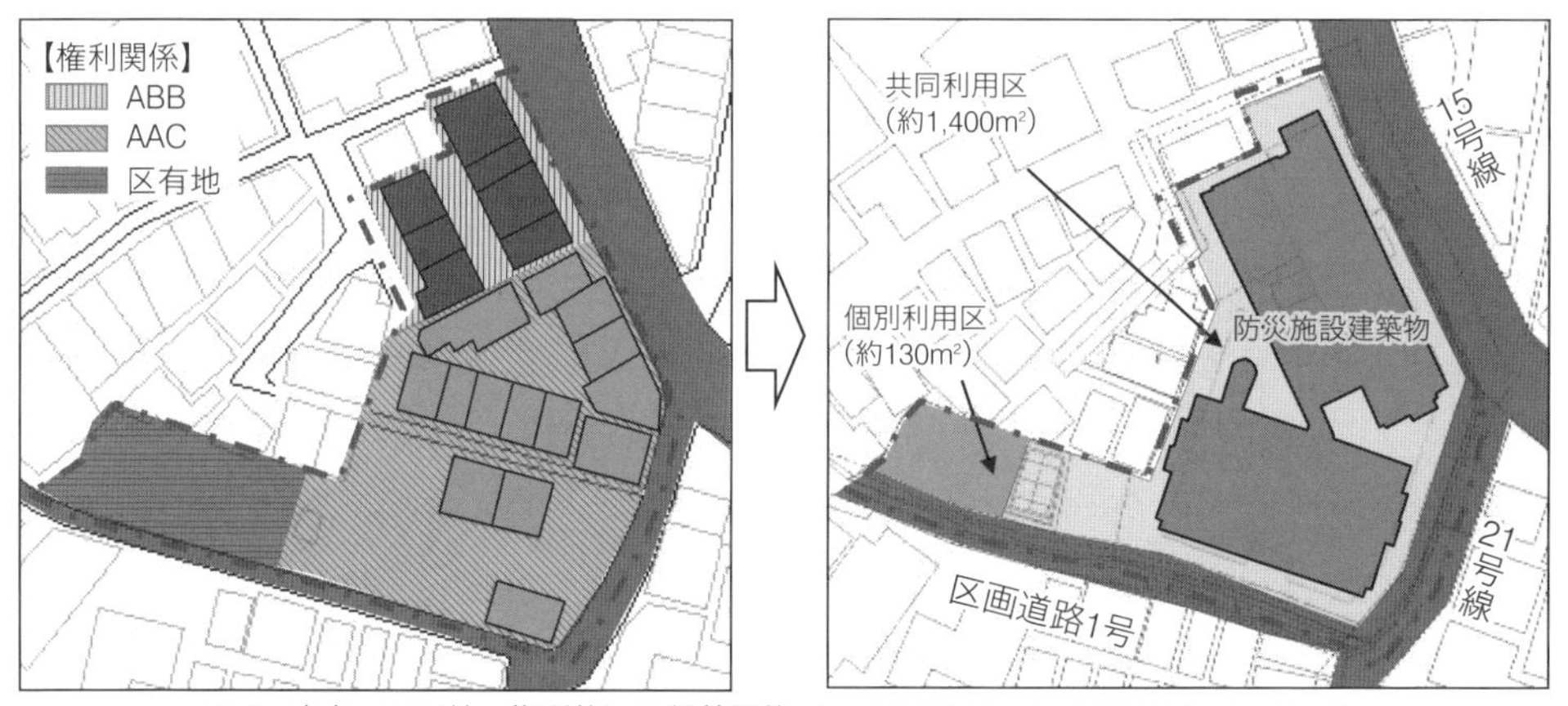

図５　京島三丁目地区権利状況の従前従後（A：土地所有者、B：建物所有者、C：居住者）

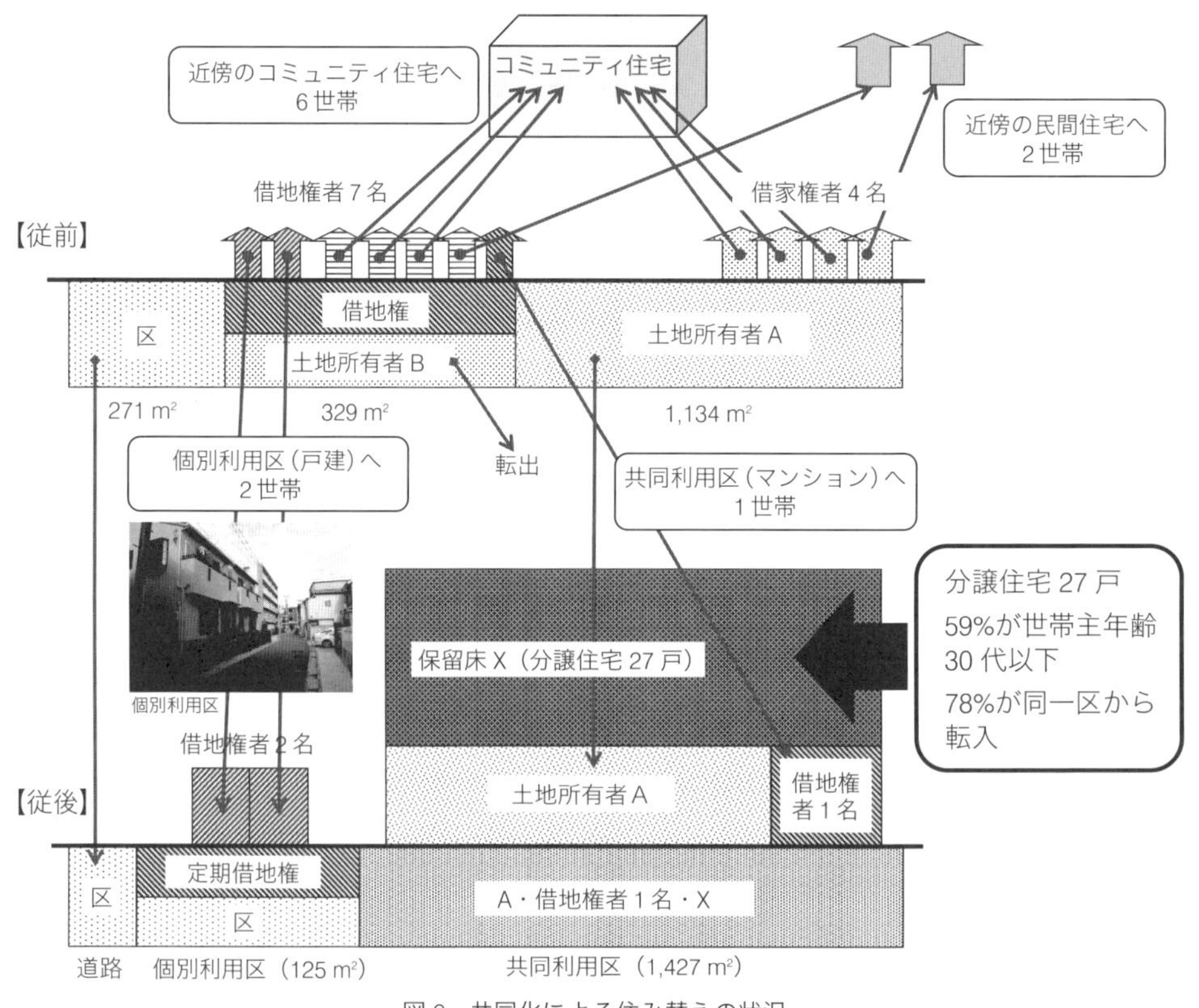

図６　共同化による住み替えの状況

り、土地は従前9筆（うち借地権7筆）あった土地が3筆となり、敷地の統合が実現している。共同住宅の余剰床の27戸は分譲住宅として販売され、世帯主年齢は30代が最多であり（図9）、地域の若返りが図られている。また、従前の居住地は27世帯中21世帯78％が墨田区であり、地縁や血縁に基づく居住地選択と推察され、地域の居住ニーズの現れとも捉えられる。共同化は、老朽化した建物の除却、敷地の権

図7　京島三丁目地区の防災施設建築物

図8　京島三丁目地区の避難経路協定に基づく避難通路

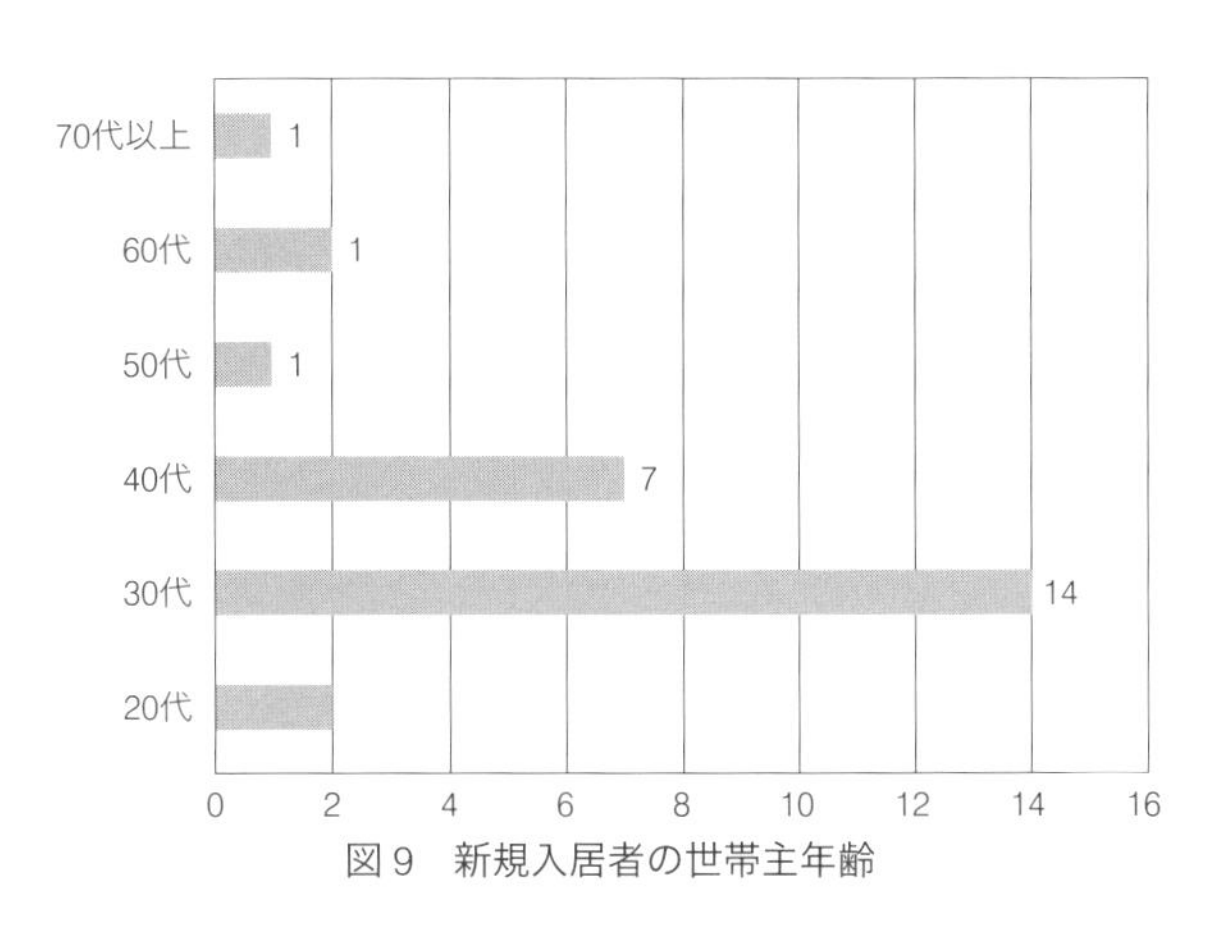

図9　新規入居者の世帯主年齢

利の整理と統合、建築物の不燃化、道路の整備、新規の住宅供給等、市街地更新や住環境への影響が大きい。

(3) 木密エリア不燃化促進事業

木密エリア不燃化促進事業は、特定の区域を設定し、そのなかで売却意向のある土地を機動的かつ集中的に取得する事業である。この事業手法は、取得した土地を整備事業にともなう移転代替地等に活用するもので（図10）、土地取得による老朽化した住宅や空き家の撤去効果もある。

土地の取得に際しては、土地所有者、借地人、借家人が別々の場合もあり、それぞれの売却意向の調整や権利調整の役割分担も必要となる。地域によっては、借地権付きの土地が多く、底地人と借地人の利害関係やこれまでの経緯を踏まえた調整も必要である。木密エリア不燃化促進事業における特定のエリアにおける集中的な土地の取得は、滞っていた土地売却の喚起、複雑な権利の整理等による土地の流動化を促す効果があり、市街地更新を促進する。

図10　京島地区における土地取得（従前は底地・借地・借家が別々であった）

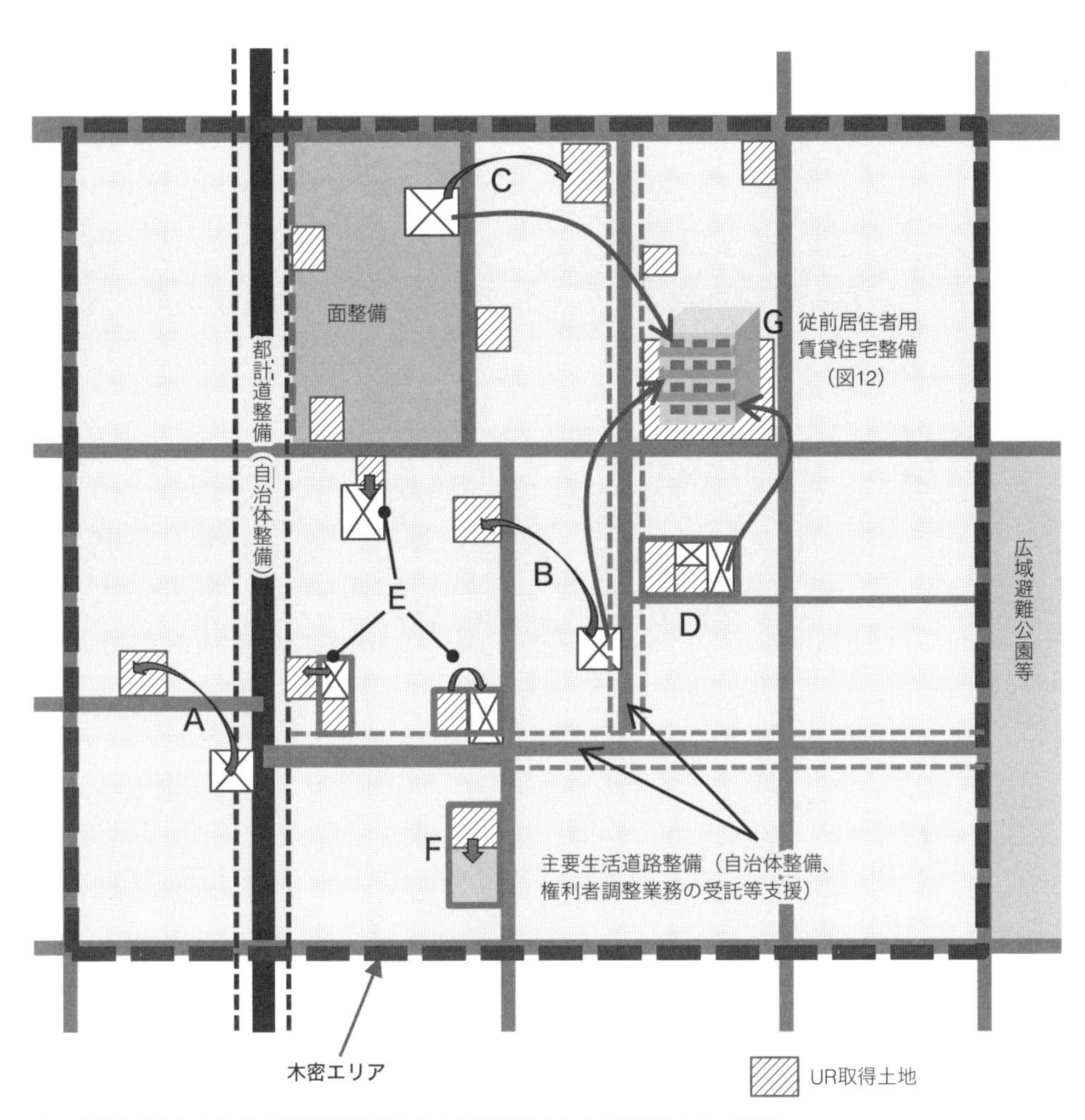

A　自治体が実施する都市計画道路整備に係る生活再建のための代替地として活用

B　主要生活道路整備（UR受託）に係る生活再建のための代替地として活用

C　面整備（防災街区整備事業、共同化等）にあたっての転出者用の代替地として活用

D　面整備（防災街区整備事業、共同化等）の種地として活用

E　土地の交換分合等による敷地整除、未接道敷地の解消

F　公共施設、公園等整備のために活用

G　従前居住者用賃貸住宅を整備し、借家人の生活再建のために活用

図 11　木密エリア不燃化促進事業のイメージ

取得した土地の活用では、代替地として譲渡、未接道敷地への譲渡（建て替えが可能になる）、隣接敷地の取得による敷地の統合、統合した土地における従前居住者用賃貸住宅の建設（図12）といった成果につながり始めており、敷地の統合による狭小敷地の解消等の効果も期待できる。また、ある程度まとまった土地では、地域に不足する施設の誘致等住環境改善に向けた活用も考えられる。

防災整備事業から住環境の改善へ

以上のとおり、防災生活道路の整備は沿道の建て替えや共同化を促進し、防災街区整備事業のような共同化では敷地の統合と住宅等の供給につながり、木密エリア不燃化促進事業は、権利の整理等によって未利用や更新意向のある土地の流動化と敷地の統合等につながっている。

密集市街地におけるこうしたミクロの整備事業は、防災性の向上だけでなく市街地更新と住環境改善の効果を持っている。さらには、敷地や住宅・施設の供給に際

図 12　従前居住者用賃貸住宅の事例（中野区弥生町地区）

図 13　西小山駅前における暫定的土地活用

して、地域の課題に対応した条件を付すことで、地域を暮らしやすい状態にしていくことが可能である（図13）。とくに大規模な低未利用地がなく大規模な共同化も困難な密集市街地において、こうしたミクロな単位での事業の積み重ねと面的な広がりを獲得する手法は、住環境の改善に有効と考える。

ＵＲは、２００７年度以降、防災生活道路等の防災整備事業を先導的事業として、さまざまな整備手法を活用しながら事業を連鎖的に展開する方針で取り組んできた（図14）。ボトムアップ型の防災対策からスタートして、さまざまな地域の動きやニーズを捉えながら小規模な事業を連鎖的に展開し、地域の価値向上を図ることは有効な手段であり、住民の合意が前提となる任意性の強い密集市街地の整備において、理解の得やすい方法である。また、防災整備事業の実施にあたっては、土地の長期保有等によって時間リスクが大きくなる傾向があり民間事業者にも自治体にも対応が難

図14　防災生活道路の整備イメージ（有識者とＵＲが研究会を行い、2007年5月にまとめたＵＲの密集市街地整備方針の一つ。防災性を高めるだけでなく住環境の改善も意図された）

しいが、ＵＲはそうしたリスクを取りながら地域に一定期間関わり、地域のさまざまな課題を共有しながら地域のマネジメントに取り組むことができる。

最近では、リノベーションによるストックの多彩な活用、商店街や地場産業の活性化など、地域の潜在的な価値を活かそうとする取り組みが増えている。また、若い世代にも市街地の歴史やコミュニティの価値を積極的に捉える動きもあり、従来の日照や住宅の性能のみに捕らわれない、住宅市街地の新しい価値を見出そうとする視点が生まれている。防災性向上に係る整備事業の実施は、住民にとって自ら地域づくりに関わる大きなきっかけとなる。まちづくり協議会等の成熟度は地区によって大きな違いがあるが、地域の細やかな課題に対応した多様な主体による多彩な活動と整備事業を連携・統合・連鎖させる地域のマネジメントをとおして、密集市街地の防災性の向上に加え、より暮らしやすく魅力ある市街地の実現が可能となると考えられる。

（藤井正男）

4-2

修復型だけで脱却できない木密

豊島区東池袋四・五丁目地区

他節でも取り上げられているように、木造住宅密集地域は、日本の大都市インナーコミュニティの一類型であり、かつ、1970年代後半から地震被害軽減を目指す「防災まちづくり」が40年以上にわたって展開されてきた。「モクミツ」について「いまさら」という印象もあるかもしれない。そんななか、インナーコミュニティ再生という本書のテーマに則し、木密修復型防災まちづくりのトップ集団にいた豊島区東池袋において、どんな変容が生じているか、劇薬としてのジェントリフィケーションという視点で読み解く。そこには、翻弄されつつも、これまでの防災まちづくりの計画論が継承され、再生していく可能性を見出せるようにも思われる。

劇薬としてのジェントリフィケーション、詳しくはこれから述べていくが、2つの意味を有している。1点目に高度利用が進まず、地代が低廉なまま利用されているインナーコミュニティへの資本回帰というニール・スミス[注1]（Neil Smith）が理論化したジェントリフィファイ現象であり、2点目に「劇薬としての」と表現したように、これまでの修復型防災まちづくりを担ってきた主体が、事業長期化、住民高齢化、

注1　ニール・スミス『ジェントリフィケーションと報復都市』ミネルヴァ書房、2014年

地元商店街衰退といった現状に対して、大きな回復を企図として服薬した治療薬であったという点である。その治療薬は、広幅員幹線道路を整備し、道路沿道の高度利用（＝資本回帰）を図るジェントリフィケーションであり、一見「修復型」計画論の放棄にも見える。節の最後では現地フィールドワークも踏まえて、インナーコミュニティ再生の手がかりを、東池袋の生活の視点から考えてみたい。

東池袋におけるまちづくりの系譜

ジェントリファイ現象を述べる前に、東池袋のまちづくりの系譜をみておこう。住所で言えば豊島区東池袋四・五丁目、面積33ha、人口９１２７人、５５１４世帯（２０１５年国勢調査）である。池袋駅東口からグリーン大通りを都心方面に８００mほど、１９６０年代の副都心計画で事業化された「サンシャイン・シティ」の２街区ほど先に位置する。豊島区は池袋駅を取り囲むように木造住宅密集地域が広がり、東池袋の南は南池袋と雑司ヶ谷に、また北は山手線を挟んで上池袋である。

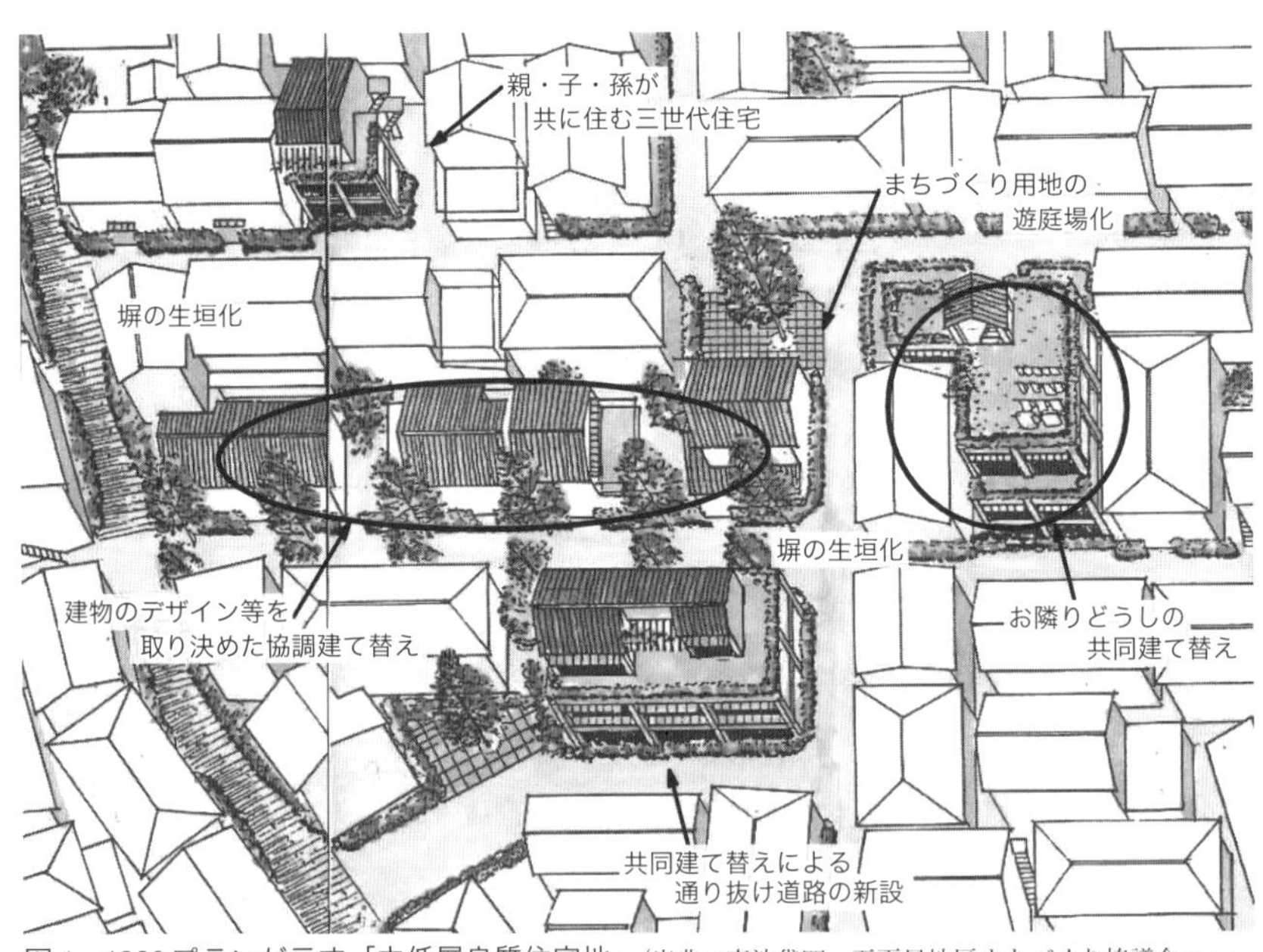

図１　1986プランが示す「中低層良質住宅地」（出典：東池袋四・五丁目地区まちづくり協議会ニュース、No.12、1986年3月）

東池袋の防災まちづくりは、豊島区と地域住民で構成する「東池袋四・五丁目まちづくり協議会」が１９８６年に「東池袋地区まちづくり総合計画」を2カ年かけて策定することで本格スタートする。この計画は当時先行していた１９６９年江東再開発基本構想（墨田区白鬚東の広域防災拠点整備事業など）のような全面再開発型ではなく、既存の町割りを継承し、既存街路の拡幅（一部新設）、建て替えを含む住宅耐震化、公園整備といった「みち・いえ・ひろば」の改善型プランで、再開発型ないし改造型に対置して修復型プランとも表現された。加えて東池袋のまちづくり計画では、図1に示すように「お隣同士の共同建て替え」や「隣接した敷地同士の協調建て替え」を積極的に活用する中低層良質住宅地が提案されている。

１９９５年阪神・淡路大震災も挟み、東池袋では修復型防災まちづくりが継続展開されていく。２０２０年3月時点での防災まちづくり事業成果として、防災ひろば13カ所、コミュニティ住宅1棟、防災生活道路２４９m、建て替え助成１９６戸となっている（これ以外にも、助成をともなわない新築建て替え・建物更新によるまちの防災性能向上もある）。

大きな変曲点となったのが、東日本大震災であった。２０１２年の不燃化特区指定で防災まちづくり事業の上乗せ促進が図られつつ、路面電車（都電）軌道に沿って、地区を南北に縦貫する都市計画道路補助81号線が延焼遮断帯形成を目指す「特定整備路線」に指定された。そしてさらに２０１５年、池袋駅都市再生緊急整備地域に、補助81号線沿道から西側の地域が指定されたのである。

木密ジェントリフィケーション

本節ではジェントリフィケーションを、ニール・スミスの経済地理理論[注1]レベルで、すなわち高い潜勢的地代と低い現況地代との地代格差に対する資本の回帰運動と捉える（本稿では、因果律として発生する社会的弱者追い出しについては触れない）。またここで資本とは、不動産開発における経済合理性に基づく主体としておく。

東池袋での木密ジェントリフィケーションとは具体的に何を指しているのか。東池袋では路面電車軌道の両側に新設される補助81号都市計画道路事業が進み、接道条件が改善された沿道敷地での再開発事業が進められている（図2）。足元の木密市街地環境からするとやや特異な風景とも言えるが、これを池袋都市再生緊急整備地域の延長で捉えれば、連続したシークエンスとも見なしうる。つまり池袋駅の都市開発ポテンシャル（潜勢的地代）から見て、東池袋の現況地代と地代格差が生じており、その要因となっている敷地・街路環境を公的に改善することをテコとして、資本による都市空間の再価値化（ジェントリフィケーション）が生じていると見なすことができる。

東京の防災都市づくりは、不燃領域率を主指標とし

図２　補助81号線沿いの法定再開発事業

て木造住宅密集市街地のスクリーニング[注2]がなされ、2016年の防災都市づくり推進計画では53地区、3100haの重点整備地域がある。重点整備地域では修復型を基本に「みち・いえ・ひろば」の改善を図るまちづくり計画が策定され、事業が進められてきた。

実はこの53の重点整備地域において、都市再生緊急整備地域に指定されているのは東池袋のみである。また重点整備地域において、防災街区整備事業でなく再開発法に基づく第1種市街地再開発事業が完工されたのも2020年3月時点で東池袋のみとなっている。ここには木密ジェントリフィケーションのシンボル性が見出せよう。

東池袋は木密ジェントリフィケーションというシンボル性に加えてもう1点、修復型防災まちづくりへのジェントリフィケーションという意味を有している。それは先に触れた1986プランが描いた低中層良質住宅地という空間像に対する資本回帰による空間変容である。池袋都市再生緊急整備事業を背景とする潜勢地代圧力に対して、敷地・街路環境改善はいっきに地代格差を顕在化させ、部分的ではあるが、低中層ではなく中高層による空間変容が進行している。言い換えれば2点目の視点は、密集市街地に対するジェントリフィケーションではなく、先行実施されてきた修復型防災まちづくりという都市計画理論に対するジェントリフィケーション(資本回帰による空間変容)である。そしてインナーコミュニティの計画論として着目しておきたいのは、1986プランにこのジェントリフィケーションにつながる

注2 東京都の木造住宅密集地域のスクリーニング基準は、①1980年以前の老朽木造住宅建築物棟数率30%以上、②住宅戸数密度55世帯/ha以上、③補正不燃領域率60%未満、のいずれかを満たす町丁目である。

二つの断層が内在していた、という点である。

東池袋四・五丁目地区まちづくり協議会による１９８６プランには、地区全体の土地利用方針図が添えられている。ここには、図３に示した「３階建てを基調とした共同住宅や３世代住宅に建て替えを進める」一般住宅地区に加えて、１９４６年戦災復興都市計画で決定された都市計画道路補助81号線の沿道地区を「裏宅地と老朽住宅の多い街区で住宅再開発を進める」重点地区としてゾーニングしている。その一方、「補助81号線は広い歩道にグリーンベルトを設置した公園道路として整備を図る」と表現されている。「公園道路」は魅力的な表現であるが、公園道路を含む重点地区に対して立体的な空間表現はなく、土地利用ゾーニングを中心とした平面計画に留まっている。中低層を基本とする１９８６修復型計画のなかに、都市計画道路整備と再開発事業による沿道高度利用がそっと埋め込まれている、これが修復型プランに内在した第一の断層である。

第２に計画主体に関してである。１９８６プラン

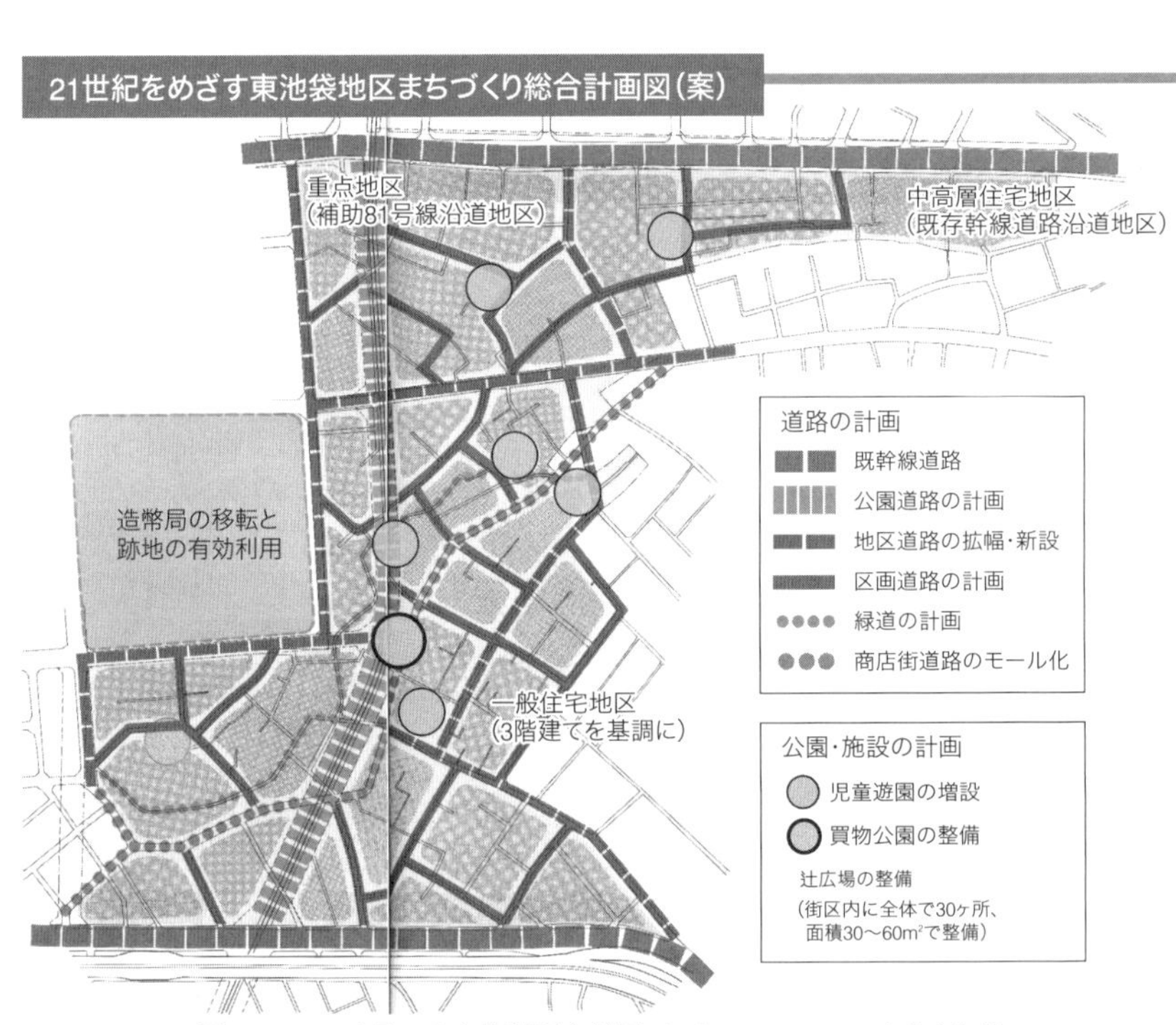

図３ 1986プランの土地利用方針図（出典：図１と同じより筆者作成）

は地域住民と豊島区で構成する「まちづくり協議会」により策定されている。一方で、この東池袋四・五丁目まちづくり協議会は豊島区史[注3]において、1980年代の「区民のなかから作られてきている『生活と自治』に関するコミュニティ創造の試み」として触れられつつも、「行政媒介型」と考察されている。ここで筆者の波田永実は、活動記録や会報誌を基に住民自身のコミュニティづくりの活動を「ネットワーク型」「町おこし型」「行政媒介型」「従来型」に4区分した。そしてネットワーク型活動を「生活と自治を下からの運動の積み上げによって改善していこうとする傾向」をもち、4−3節の豊島区長崎地区において、今も活動継続している「地域福祉研究会ゆきわりそう」について、「区民自らの手によって、さまざまな活動が積み上げられてきている」と評価する。そして東池袋四・五丁目まちづくり協議会は「行政媒介型」に類型化され、「区役所が中心となって、地域住民を『まちづくり協議会』に組織し、その活動を通じて地域の再開発を推進しようというもの」と考察する。1986プランは「まちづくりへの取り組み方の基本姿勢を示す4原則」として、原則1：総合的なまちづくり、原則2：参加によるまちづくり、原則3：段階的なまちづくり、原則4：納得によるまちづくり、をかかげているが、政治学者の波田は同時期に活動していた「生活と自治」に関わる住民活動団体のなかでは東池袋を「行政媒介型」と類型化し、行政からのまちづくり事業方針変更によって、大きな影響を避けられない（ジェントリファイされる）構造を感じとっていたようにも思われる。この構造が第二の断層である。

注3　波田永実「超都市化の中の再開発と区民生活―コミュニティの「創出」―」『豊島区史第六編現代三』解説第四節、788〜795頁、1990年。

東池袋の「いま、ここ」から考える

筆者は2019年に豊島区が地域に呼びかけて実施した「東池袋四・五丁目地区震災復興まちづくり訓練」の企画運営を担い、1986プラン策定にも参画されていた地域リーダーとも対話をした。また研究室のフィールドワークとして、地域で毎年12月に実施される「もちつき大会」にも参加させていただいた（図4）。改めて東池袋の「いま、ここ」に身を置いて、木密インナーコミュニティの計画論について考察しておきたい。さきほどは補助81号線沿道の再開発事業地区のみ取り上げたが、東池袋の「いま、ここ」から考えてみよう。

防災まちづくり事業として幅員6ｍに拡幅整備された防災生活道路は、歩道がグリーン舗装され、自家用車の速度低減化も図られている。沿道敷地では建て替えられた戸建て住宅も目に入ってくる。また防災生活道路沿道以外でも、単身者向けアパート含めて一定の建物更新があることを感じさせる。まちづくり事業で整備された公園・広場は、遊具など施設老朽化が進み維持管理に工夫の余地もあるものの、井戸や防火水槽など「防災」を住民に意識させている雰囲気を感じる。また季節の花を咲かせたり、野菜を育てたり、近隣住民による主体的な管理がなされている公園・広場もある。

また既存の町割りを活かした修復型防災まちづくりプランの効果として、街区内

図4　東池袋の地域自治町会によるもちつき大会

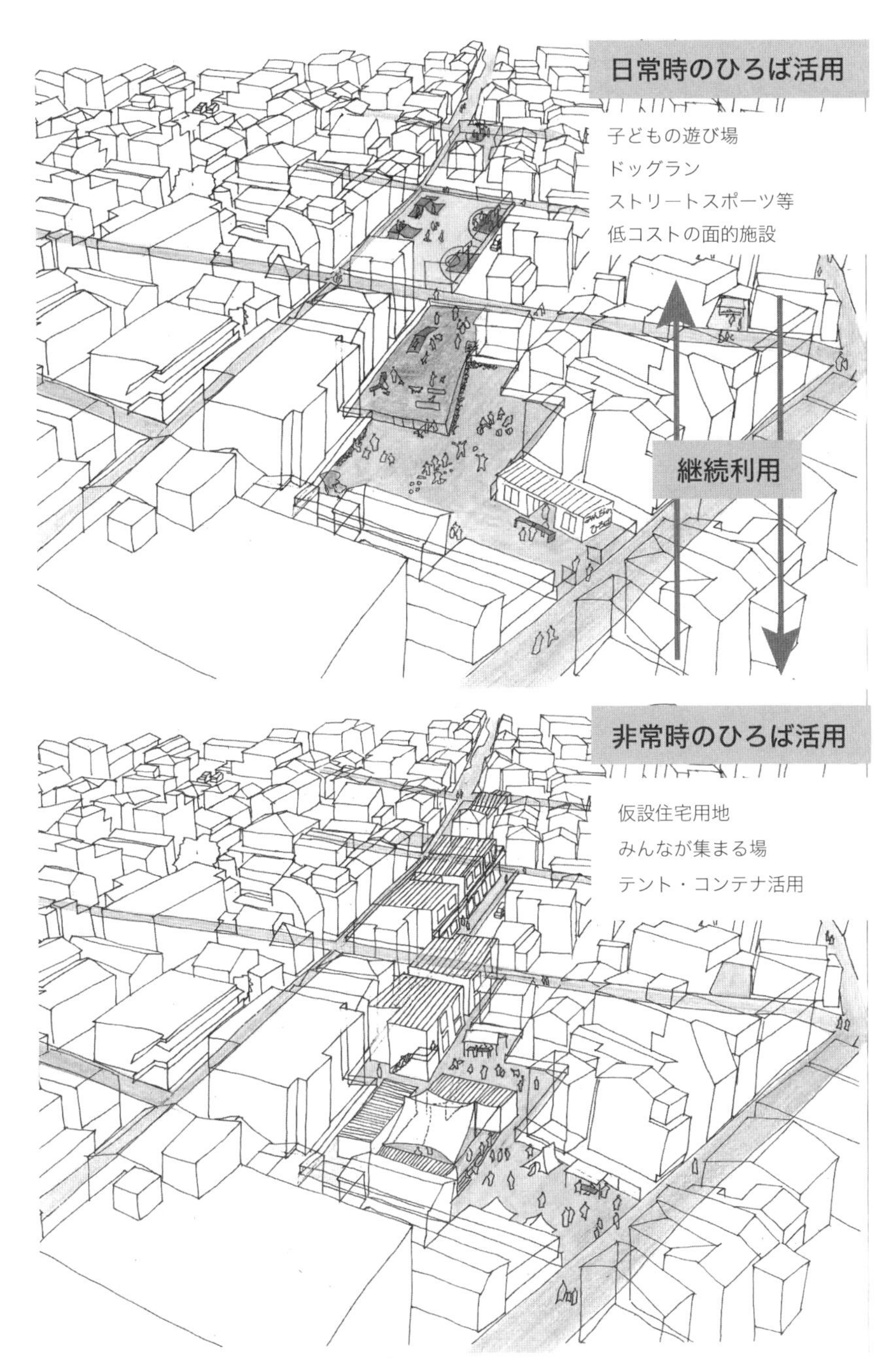

図５　まちづくり用地の事前復興活用案（出典：東京都立大学都市防災・災害復興研究室、2019年11月）

の路地や細道の通り抜け空間は魅力をもち、このような細道沿いに小さな空き地、空き家があり、ミチ・ヒロバを不連続にデザインするのではなく渾然一体に整備していくアイデアも湧いてくる。またそのような文脈で公的に先行買収した「まちづくり事業用地」の暫定利用を含む活用アイデアも考えられよう（図5は筆者の研究室で2019年に地域提案した「まちづくり用地」へのデザイン提案である）。

一方で長年、東池袋のまちを見守ってきた層、おそらく水窪通り商店街の天ぷらやさんやお総菜やさんで買った野菜天やコロッケをほおばりながら、まち歩きをされた方々は、閉店したままの店舗にさびしさも感じるかもしれない。それでも都市再生緊急整備地域に近い場所では、若い世代でにぎわうカフェや食堂もオープンしている（図6）。

そして「生活と自治」に関するコミュニティは人をつなぐ力を持っている。「もちつき大会」には主催した比較的高齢の男性町会幹部だけでなく、てきぱきと取り仕切る女性メンバー、そして開始と同時に、多くの親子連れでにぎわっていた。来年から小学校という男の子と参加していた父親は「町会活動に関われているわけではないが、子どもがもちつき大会を楽しみしていた。こんな都心近くにあって、コミュニティ活動のある東池袋には、居心地の良さを感じている」と述べていた。

図6　地区隣接の跡地開発で生まれた公園カフェ

修復型まちづくり計画論を脱構築する可能性

本稿は東池袋における修復型防災まちづくりの系譜を踏まえ、東日本大震災を変曲点とした計画論的変容を「木密ジェントリフィケーション」として読み解いた。その読み解きとは、第1に木密地域の都市基盤水準の低さからくる近接する都市再生地域との地代格差に対し、公共事業をテコとしたジェントリフィケーションが進行していること、第2にそれは東池袋の修復型まちづくり計画が、1986年の成立当初から内包していた二つの断層により下支えされた現象とも考えられることを述べた。

そしてそのうえで、東池袋の「いま、ここ」の風景とまちの人たちとの対話をとおして、どんな計画論を組み立てることができるか、考えた。開発圧力も強い池袋副都心に隣接する東池袋において、ジェントリフィケーションで一見、否定されたかに見える1980年代の修復型まちづくり計画論をいま一度、再構築していく視点である。地代格差めがけて回帰してくる資本に対して、法定再開発事業とも共存しつつ、一方で法定再開発だけでない投資の可能性を現在のまちの生活文化に基づいて提示し、まちを活性化させていく、そんなインナーコミュニティ計画論の可能性に着目していきたい。

（市古太郎）

4-3

防災を切り口とした多世代と専門性のネットワークの形成

豊島区長崎地区

自治町会による地域活動、と聞いてどんなイメージを持つだろうか。高齢者を主な担い手とし、子育て世代からは学校保護者組織で担当となったメンバーが従事、地域運動会や各種催事開催時に一定の親子連れの参加、という構図が想像されるのではないだろうか。自治町会という地域組織が、加齢により仕事をリタイアした高齢男性にとって、防犯パトロールや地域サロンといった活動を通じて、家族と地域に貢献する貴重なメンバーシップ組織であることは事実である。それでも、地域自治町会はインナーコミュニティの再生主体として十分か、という問いに対して、本書の事例からも、多世代と専門家も加わった主体形成の意義が浮かび上がってこよう。

本節では地域防災という視点から、この多世代と専門性とのネットワーク形成について考える。その意義は二つある。一つは、大災害の発生時、地域自治町会だけで、安否確認、救出救助に始まり、避難所開設運営、在宅避難、仮住まいといった、くらしとまちの回復支援活動を行うことは困難であり、多世代のネットワークが、その地域のくらし回復の主体になるべきこと。２点目に、大都市インナーコミュニティは、仕事と教育の機会利得期待は高く、その利便性からも、多様な世代、多様な能力を有した人々が生活している。こういった多様な人材資源は平常時において、断片化しているのである。よって、これらを発災時にいかにつなげ、活動主体を構成していくか、ある意味、したたかな戦略を地域自治町会は持つべき、と考えられるからである。

この二つの意義達成を目指して取り組まれているのが、事前復興まちづくりでもある。東京の事前復興まちづくりは、２０２０年3月末時点で53地区となっているが、本節では、２０１５年から4年間にわたってこの事前復興まちづくりに取り組んできた豊島区長崎地区の事例から、多世代と専門性のネットワーク形成への取り組みを考察する。

豊島区長崎地区のまちづくりの経緯

本節で取り上げる豊島区長崎地区は、豊島区長崎一～六丁目および南長崎一～六丁目の計12町丁目で面積２５２ha、人口約3万7千人、世帯数約2万3千である。地域の真ん中を西武池袋線が東西に走り、池袋駅から1つ目の椎名町駅と東長崎駅の2駅がある。１９１５年武蔵野鉄道武蔵野線（現西武池袋線）池袋駅－飯能駅間が開業。その後１９２３年関東大震災をへて、１９２４年に椎名町駅が開業した。市街化が進むなか、１９３０年代に耕地整理事業実施、同時期に「アトリエ付き借家群」が建設され「池袋モンパルナス」とも呼ばれた地域である。さらに戦後１９５

図１　豊島区内の木造密集地区と長崎地区の位置
（地区名の前の数字は復興訓練実施年）

2年「トキワ荘」が建てられ、手塚治虫を筆頭に若い漫画家たちが集まる空間が形成されていた。現在もアトリエ村、トキワ荘は、長崎地区の大事なまちづくり資源となっている。

1930年代に耕地整理事業が実施されつつも、幅員6mに満たない道路、規模の大きい街区構成から、不燃領域率は相対的に見て低位で、12町目のうち1町目(長崎六丁目)を除き、1992年に木造住宅密集地域に判定されている。1994年頃から密集整備事業導入のための市街地調査を開始、阪神・淡路大震災後の1996年東京都防災都市づくり推進計画において「整備地域」に指定された。翌年の1996年から南長崎二・三丁目地区で国土交通省の住宅市街地総合整備事業と東京都の木造住宅密集地域整備事業を組み合わせた「居住環境整備事業」が開始されている。2005年度までの10年間で共同建て替え3棟、既存公園の拡張整備、街区公園新設の整備実績をあげ、いったん事業終了となった。しかし2011年東日本大震災をへて、都市防災対策が再促進されるなか、2012年に長崎六丁目を除く地域が東京都「不燃化特区」に指定された。また長崎一丁目から五丁目を東西に縦貫する補助172号線、および地区西側練馬区境の補助26号線の二つの都市計画道路が特定整備路線に指定され、延焼遮断帯としての整備が進められている。さらに東京都防災都市づくり推進計画2016年改定において、整備地域から重点整備地域に格上げ指定され、翌2017年度から長崎四丁目で居住環境整備事業が開始されている。

１９９０年代から続く長崎地区のまちづくりにおいて「南長崎はらっぱ公園」はそのシンボルである。１９９９年からの2年間、豊島区単費事業の「地区防災まちづくり支援事業」をとおして「南長崎四・五・六丁目防災まちづくりの会」が発足、地域内の落書き消し活動や、老朽化した歩道橋撤去提案などのまちづくり提案を行い、その後も地域主体のまちづくり活動が継続される。その活動提案実績もあって、西椎名町公園内の閉鎖中の公営プール撤去と再整備プランの実現目処がたち、２００８年度に整備工事開始、２００９年度に広く地域住民に呼びかけ、全4回の公園づくり検討会を開催、２０１０年7月の南長崎はらっぱ公園オープンを迎えている。またその後「南長崎はらっぱ公園を育てる会」を発足させ、地域主体で公園の管理運営を担いつつ、平常時だけでなく、発災時の活用に向けた検討も行い「災害時の使い方マニュアル」を作成している（図２）。

２０００年代以降も進む敷地分割と低層高密化

ここで建物密度に関する近年の状況をみておこう。図3は住宅地図を用いて１９９０年から２０１５年の5年ごとに25年間の土地建物変化を図面分析した結果である。主要な変化として、戸建て住宅が遺産相続等で処分され、敷地分割をともない複数棟の3階建て準耐火戸建て住宅に更新

図２「南長崎はらっぱ公園を育てる会」が作成した災害時マニュアル

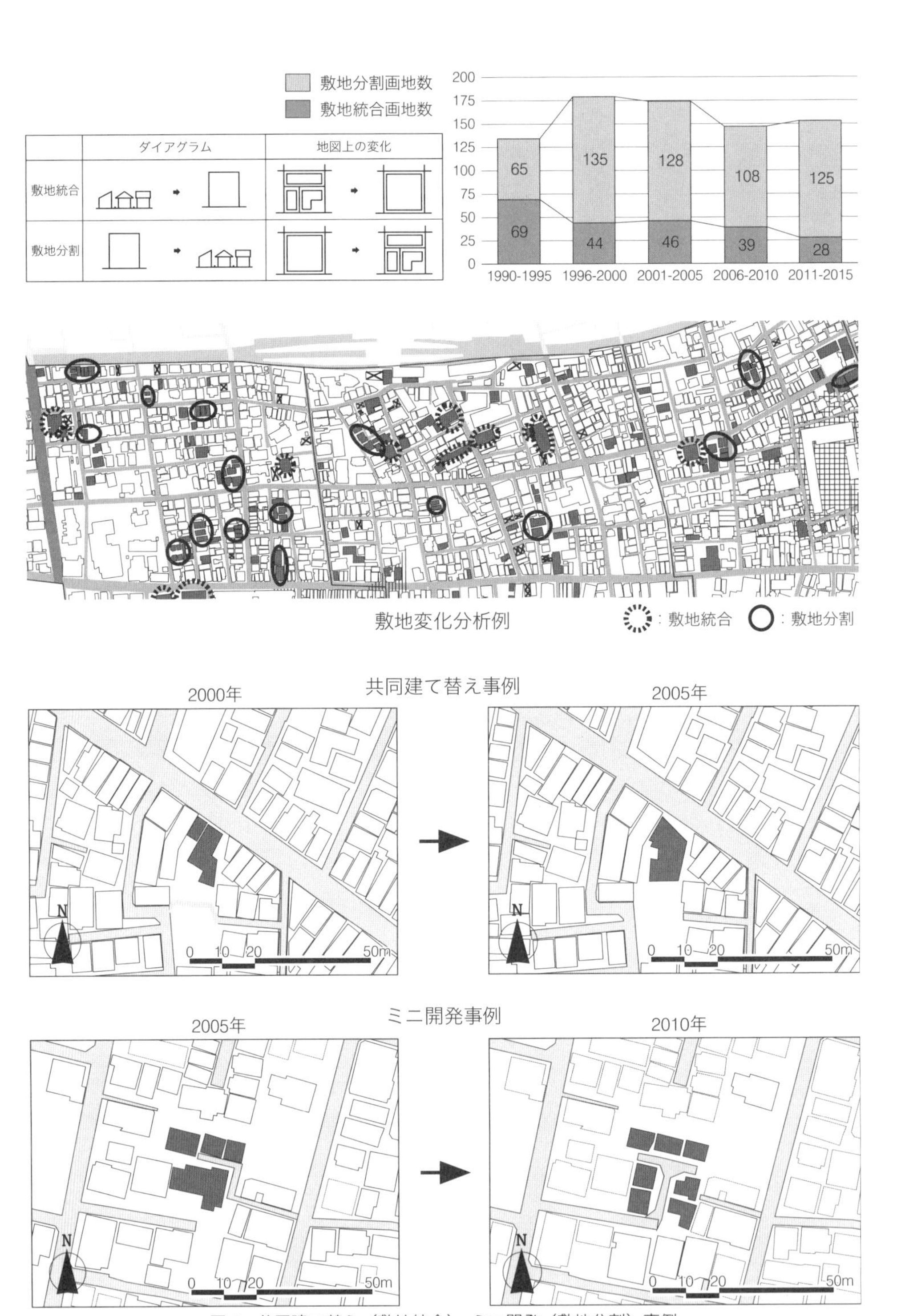

図３　共同建て替え（敷地統合）・ミニ開発（敷地分割）事例

されるパターンがある。敷地統合と耐火集合住宅建設というケースも少数ながらみられるが、大正から昭和初期の耕地整理事業で形成された街区形状の大きさから、敷地奥行き深さも影響し、1990年代前半を除き、大勢として敷地分割と低層高密度化が進んでいる。

震災復興まちづくり訓練の実施経緯

前述した2011年東日本大震災後の長崎地区での木密防災まちづくりの再拡充・再促進は、事前復興まちづくりと連動して展開された。豊島区での事前復興まちづくりは2009年度に開始されたが、2019年度までの8地区すべてにおいて、東京都の不燃化特区指定地区となっている。[注1]

長崎地区では2015年度から4カ年度、全12町丁目を3町目ずつ4地域に区分し、震災復興まちづくり訓練が実施された。区役所から地域自治組織に実施を打診し、秋のお祭りなど地元行事と調整しつつ、小学校の保護者会、区民ひろば[注2]のコミュニティ・ソーシャルワーカー（CSW）、地域の児童・高齢者福祉施設等に参加を呼びかけている。また震災復興まちづくり支援機構からの参加協力も得、各回参加者は、地域メンバーが25人ほど、専門家10名、区役所10名で全体で50人弱であった。

事前復興まちづくり計画とコミュニティ再生に向けたネットワーク

震災復興まちづくり訓練では、全4回程度の連続ワークショップをとおして、

注1　市古太郎「木造住宅密集地域を対象とした復興まちづくり訓練で創発される〈事前〉復興まちづくり計画の意義と可能性」『日本都市計画学会論文集』55巻、3号、910〜917頁、2020年

注2　2006年制定「豊島区地域区民ひろば条例」に基づき、自主運営方式をとる地域コミュニティの活性化拠点

〈事前〉復興まちづくり計画が作成編集されていく。〈事前〉復興まちづくり計画は三つの柱で構成される。①空間計画としての復興まちづくり方針、②時限的市街地方針、③地域主体の復興「営み」活動方針である。本節では以下、インナーコミュニティ再生に向けたネットワーク形成という視点から長崎地区での〈事前〉復興まちづくり計画を考察してみよう。

修復型計画を継承する復興まちづくり方針

第1の柱である復興まちづくり方針は、これまでの「みち・いえ・ひろば」改善を中心とした「防災まちづくり計画」を継承しつつ、焼失被災地に対する土地区画整理事業や、コーポラティブ方式による復興共同住宅建設など、公的支援策も活用したすまい回復策が埋め込まれたプランとなっている。言い換えれば、復興まちづくりとは、いままで取り組んできたまちづくりを原則として継承したもの、という計画論であり、これは多くの地域リーダーの賛同を得るものとなっている。それはこれまでの地域防災活動が活かされていく、という手応え感に加え、部分的に市街地整備事業が導入され、まちの歩行空間環境の改善、ファミリー向け住宅供給といった、まちの改善方策への評価でもあった。

若い世代からは、復興において目指したいこと、として子どもが存分に身体を動かせる公園を、といった既存まちづくり計画の枠には収まらない新規創出する空間も提案される。復興まちづくり訓練をとおして、これまでのまちづくりを継承する視点に加え、地域の若い世代からの提案も組み込まれている。

まちの資源に根ざした時限的市街地デザイン

想定首都直下型地震（M7・3）では、災害応急仮設住宅の提供が予定されている。時限的市街地とは、応急仮設住宅等により地域で仮住まい先を確保し、住み続けながら、本格的なくらし・すまい・まちの回復を進める「仮のすまい・まち」の建設と営みを指している。

〈事前〉復興まちづくり計画における時限的市街地方針として、それぞれの地域での地域防災活動を基底としつつ、そこに接ぎ木されるように生活回復期の取り組みが表現されている。つまり、発災時の安否確認、救出救助、初期消火活動、仮設トイレ設置、炊き出し活動といった、自主防災組織が地域の防災公園を舞台に取り組んできた活動が提示・確認されたのち、仮設住宅や集会所を設置し、くらしとまちの回復を図る拠点という復旧復興期の空間イメージが検討される。また防災公園だけでなく、自転車駐輪場として使われている駅近くの道路高架下空間に対し、災害時には炊き出しを中心としたコミュニティキッチンを開設できないかといった提案が出され、時限的市街地方針に反映されている。

2018年度の南長崎四・五・六地区では、先述した「南長崎はらっぱ公園」に対して、デザインワークショップが実施された（図4）。まず発災

図4　はらっぱ公園を対象とした時限的市街地ワークショップ

時の余震が続くなか、住民が集まってきて、まちの被害状況を集約したり、マンホールトイレを開設し、地域の待避避難場所として活用されるプロセスを模型を使って確認した。先述したマニュアルで表現された内容でもあった。次に各家庭や学校等で保有するテントを持ち寄ってテント村が立ち上がる風景が表現され、その後、コンテナやプレファブ建築を活用したコミュニティキッチンや立ち寄って情報交換する空間、子どもが安心して過ごせる居場所といった時限的市街地の空間が提案された。地域で力を合わせてくらしの回復を図っていく、そのためのまちの復興拠点に、というプログラムである（図5）。

地域主体の復興「営み」方針

事前復興ワークショップでは、豊島区からの復興まちづくり方針提案に対し、進行役の都立大学チームから「このまちにふさわしい復興計画でしょうか」と投げかけがなされ、「お年寄りが元気に」とか「子どもがのびのび」といった平常時のくらしに根ざした復興目標が設定される。そしてその実現に向けて、高齢者向け地域サロンや、乳幼児と親子向けの子育てサロン再開といった、平時に大事にされている「営み」が参加住民から紹介される。

たとえば長崎四・五・六地区では、地域で母子寮と保育所を運営する保育士の職員から「私たちの保育所では、七夕とクリスマスに近所の高齢者福祉施設と交流活

図5　はらっぱ公園を対象とした時限的市街地デザイン提案

動をしています。このつながりは災害後、何か地域の回復に資する活動に活かせないでしょうか」と提案があり、高齢者福祉施設でボランティアをされていた地域参加者から「それはいいね！」と賛同の声が上がった。営み方針の実行資源は、地域の営みのなかにあり、事前復興まちづくりは、その関係性資源を「見える化」し、ネットワークをつなげる場となっているのである。こういった地域主体の復興「営み」方針は〈事前〉復興まちづくり計画の第3の柱である。

災害を架構して地域の多様なネットワークをつくる

本節は大都市インナーコミュニティが抱える地震脆弱性に対し、地域自治町会を母体としつつ、若い世代の参加・連携と専門家支援による地域復興主体をどう形成していくか、その多様なネットワーク形成の「場」としての事前復興まちづくり訓練とその成果をみてきた。

震災時の活動方針案でもある〈事前〉復興まちづくり計画は、三つの柱を持つ。一つ目の柱は、建造環境を対象とする復興まちづくり方針であった。復興まちづくり訓練のなかで、これまでのまちづくりの事業成果と減災効果が確認され、大学が作成提供するまちの被害想定図に対して、「みち・いえ・ひろば」の改善を中心とする既存のまちづくりプランが継承されつつ、焼失被災地に対する市街地整備事業の提案、災害を契機とした新公園創出といった、子育て世代からの提案も反映されている。

二つ目の柱である時限的市街地方針をめぐっては、空き地を中心にまちの減災資源とその活用が検討され、その際、こういったくらしの回復がしたい、といった想いに加えて、本節では触れなかったが、空き家、空き店舗の活用ができないか、といった多様な担い手が想定されるリノベーションまちづくりに接続する意見も組み込まれている。

三つ目の柱である地域主体の復興営み方針について言えば、それぞれの世代で「いま、ここ」のくらしを成り立たせている社会関係資源に根ざす内容であり、ワークショップをとおして、資源同士がつながっていく可能性も示唆されている。

そして最後に専門家とのネットワークについて付言しておきたい。地域で生業を営む住民、また地域の社会福祉法人や福祉事業所の参加者から、仕事や日常生活に引き寄せた提案がなされる。たとえば助産院を営む助産師から、妊婦や乳幼児世帯の避難生活と生活回復の課題が投げかけられたり、地域に自宅兼事務所をもつ不動産鑑定士さんから「これまで、子どもの父親としての関わりがありましたが、災害時の不動産に関係する問題について、お役に立てる手がかりを感じた」といった発言があった。災害像を共有し、くらしとまちの回復に向けて、自分には何ができるのかを考える場が、復興まちづくり訓練であり、そのなかで、自らの仕事や専門性を地域に自然な流れで開示し、アイデアが折り重ねられていく。そしてその成果は災害時はもちろん、平時の地域での生活となりわいを豊かにするきっかけにもつながってくると考えられる。

（市古太郎）

5章

インナーコミュニティ再生への
アプローチ

5-1

インナーコミュニティをマクロに見る

本書では「インナーコミュニティ」を「市街地の物理的環境の更新が停滞すると同時に、人口減少・超高齢化や人口流動の停滞、コミュニティの弱体化といった社会的環境の課題を抱え、空洞化する地域」と定義し、脱成長時代における都心周辺部に見られる課題と捉えてきた。つまり、インナーコミュニティは、多様である、と同時に、「どこに立地しているのか」「どのような市街地なのか」という点に特徴を持つのではないか、というのが、本書の仮説であった。インナーコミュニティ再生へのアプローチを議論する前提として、本節では、マクロ的な視点からインナーコミュニティを眺めてみることで、その立地や市街地特性について、多様でありながら通底する特徴を描きだしたい。

表1　本書で取り上げたインナーコミュニティ再生事例

地区・施設名	都道府県	市町村	再生の対象
釜川地区	栃木県	宇都宮市	社会的環境の再生
松戸中心市街地	千葉県	松戸市	商業・業務地
神田・馬喰町地区	東京都	千代田区／中央区	商業・業務地
落合・中井地区	東京都	新宿区	社会的環境の再生
天王洲地区	東京都	品川区	商業・業務地
コートヤード HIROO	東京都	渋谷区	オープンスペース
東池袋四・五丁目地区	東京都	豊島区	住宅系密集市街地
長崎地区	東京都	豊島区	社会的環境の再生
池袋駅周辺	東京都	豊島区	オープンスペース
京島地区	東京都	墨田区	住宅系密集市街地
荒川地区	東京都	荒川区	住宅系密集市街地
板橋地区	東京都	板橋区	商業・業務地
錦二丁目地区	愛知県	名古屋市中区	商業・業務地
粟田学区	京都府	京都市東山区	住宅系密集市街地
東遊園地	兵庫県	神戸市中央区	オープンスペース

都心周辺部にあるインナーコミュニティ

近年の3大都市圏の人口動態や社会経済活動に関するデータから、都市圏スケールでのインナーコミュニティの位置づけを考えたい。人口動態については、3大都市圏に共通する現象として、第一に「人口の都心回帰」が生じていることを指摘できる。首都圏、近畿圏、中京圏のいずれにおいても、都市圏の中心付近では、人口増加率が高く高齢化率は低くなっている。[注1] 第二に、都市圏の中心付近の「人口の都心回帰」が見られる地域を、相対的に人口増加率が低く高齢化率が高い「環状地帯」が囲っていることを指摘できる。一方、首都圏の「環状地帯」は他の都市圏の「環状地帯」と比較して人口増加率が高く高齢化率が低いこと、中京圏では現在も人口の郊外化が進行していることなど、それぞれの都市圏の違いも見られる。

続いて、社会経済活動について、3大都市圏に共通するのは、就業地の脱都心・郊外化である。首都圏、近畿圏、中京圏のいずれにおいても、近郊では従業者数が増加傾向にあるが、その内側では増加傾向は小さい、もしくは、減少傾向にある。[注2] 一方、都市圏の中心付近に、従業者数が増加している地域が部分的に見られることも共通点として挙げられる。とくに首都圏の中心5㎞圏内には、従業者数が大きく増加している地域が面的に広がっており、就業地の都心回帰傾向が読み取れる。近畿圏や中京圏でも、首都圏に比べると範囲が狭くやや不明瞭だが、やはり都市圏の中心付近には従業者数が大きく増加している地域が存在する。また、いずれの都市

注1　近畿圏は、細かく見ればサブセンターとして京都圏、神戸圏を含んでいるが、それらでも小規模ながら同様の傾向を有している。

注2　京都圏、神戸圏も同様である。

圏においても、従業地の都心回帰の見られる範囲は、「人口の都心回帰」現象が見られる範囲よりも小さい。一方、都市圏による違いもあり、首都圏と近畿圏の中心付近の従業者数を比較すると、東京都心は増加傾向の範囲が広いのに対し、大阪都心は減少傾向の範囲が広く、対照的である。

首都圏を例に、以上を整理したものが図1の模式図である。人口動態に着目すると、都心部では「人口の都心回帰」現象が見られ、それを囲うように相対的に人口増加が緩やかな「環状地帯」が見られる。その外側では郊外化と人口減少・高齢化が同時進行する郊外部が広がっている。社会経済活動に着目すると、従業地機能が郊外化し近郊の従業者数が増加傾向にあるが、その内側では都心部の一部を除いて従業者数は減少傾向にある。都市圏の大きさ、都心部の従業者数の動向、郊外部の人口動態などの違いは存在するが、この模式図は他の都市圏との共通点も多い。人口減少や高齢化、従業地機能の低下を「空洞化」と捉えると、図1の模式図では、内側から2番目の輪（「人口の都心回帰」現象が見られるが従業地機能の低下が見られる）と3番目の輪である「環状地帯」（相対的に人口増加率が低く従業地機能の低下も見られる）に、本書の対象とするインナーコミュニティが発現しやすいと言える。

インナーコミュニティの市街地特性

次に、東京都区部を例に、インナーコミュニティが都市内部のどこに分布

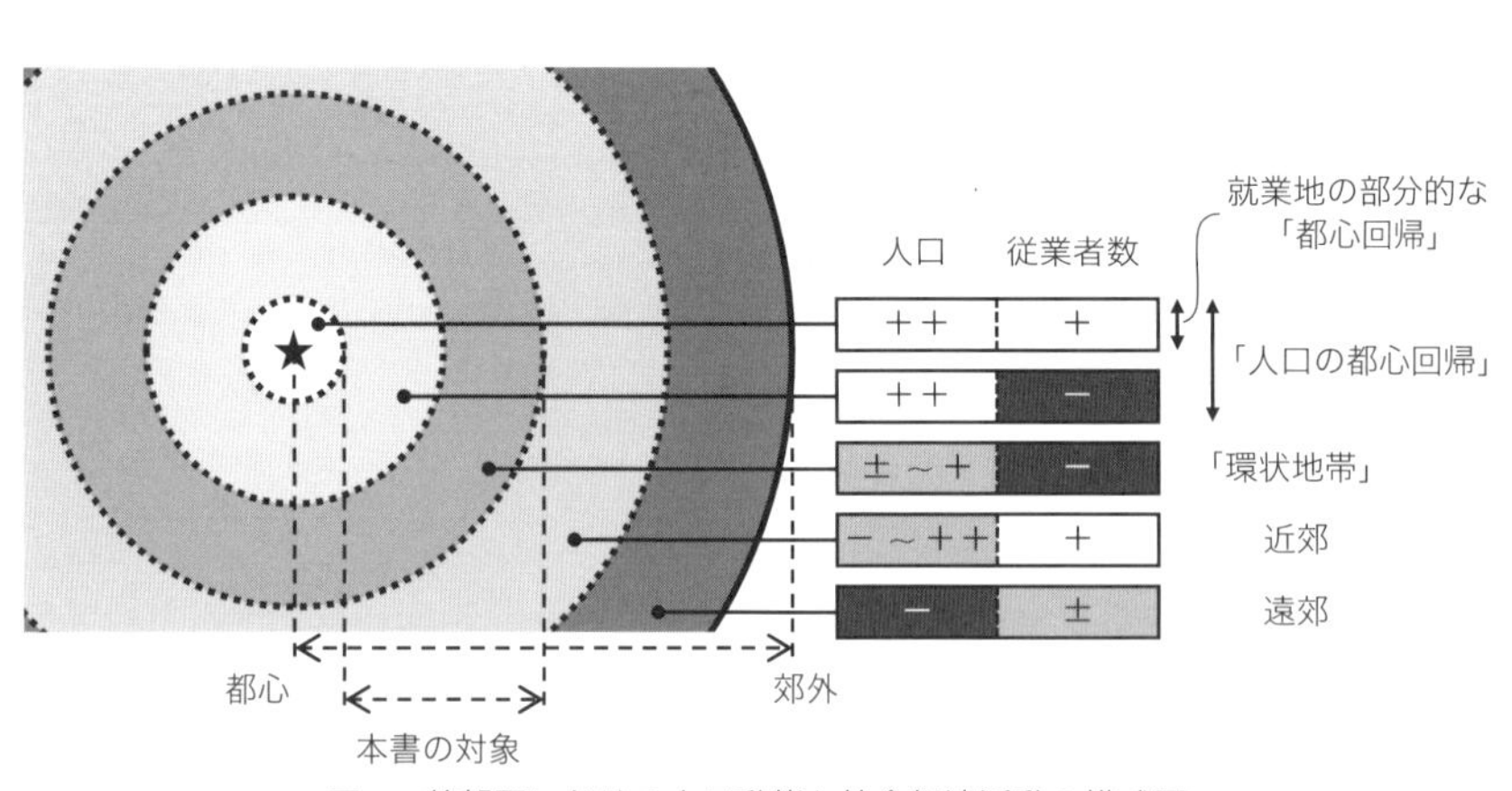

図1　首都圏における人口動態と社会経済活動の模式図

しており、どのような市街地特性を有するのかを詳細に考察したい。空洞化が進むインナーコミュニティには、「人口」との関わりが強く人口減少や高齢化が課題であるものと、「産業」との関わりが強く経済活動の活力の低下が課題であるものがある。もちろん、「人口」と「産業」の両方に関連する地域もあるが、ここでは「人口」のレイヤーと「産業」のレイヤーに分けて、インナーコミュニティの分布や市街地特性を紐解いてみたい。

都区部の人口分布は、1990年代には、低密な都心部を、山手線外縁から環状7号線にかけての人口密度200人／ha超の高密度地域が囲うような構造を持っていた。1990年代後半以降は、山手線の内側や沿線を中心に人口増加が起き「人口の都心回帰」現象が見られた。一方、山手線外縁から環状8号線にかけて相対的に人口増加率が低く高齢化率が高い「環状地帯」が見出せるようになった。とくに都心から北東方面の「環状地帯」では、高齢化率は「環状地帯」のなかでも高くなっている。

「環状地帯」の典型的な市街地特性として、「木造住宅密集地域」が考えられる。「木造住宅密集地域」は、戦前や高度成長期に都市基盤が不十分なまま市街化・高密化の進んだエリアであり、老朽化した木造建築物が多く、地域危険度が高くなっている。高齢化による建て替え意欲の低下、敷地条件の悪さによる建て替え困難、権利関係の複雑さなどから改善が進みにくい。

「環状地帯」と重なる、都心から北東方面の地域に該当する典型的な市街地特性には、「ブルーカラーベルト」がある。「ブルーカラーベルト」とは、都区部東部から埼玉県東部を北上する、ホワイトカラー率が低くブルーカラー率が高い地域を言う。[注3]都区部の「ブルーカラーベルト」は、明治期以降、河川沿いの低地に近代工業の集積が起きたエリアであり、中小零細工場の集積、職住一体型・職住近接型の居住形態を特徴としている。脱工業化にともなう製造業の不振による地域経済の低迷が続き、さらにバブル経済の崩壊によって働き盛りの若年層が転出した影響により、高齢化が進行しているとされる。[注4]

「産業」について、都区部の従業者数の分布を見てみると、皇居周辺、京浜東北線沿線（上野駅〜品川駅）、主要駅（新宿駅、渋谷駅、池袋駅）周辺などに、500人／ha超の高密度地域が広がっている。2000年代以降、従業者数が大きく増加する地域と減少する地域がまだら状に分布している。また、山手線外縁から環状8号線の間（とくに、都心から北東方面）に、面的に塊状の減少地域を見出すことができる。

まだら状の減少地域の存在は、その地域における再

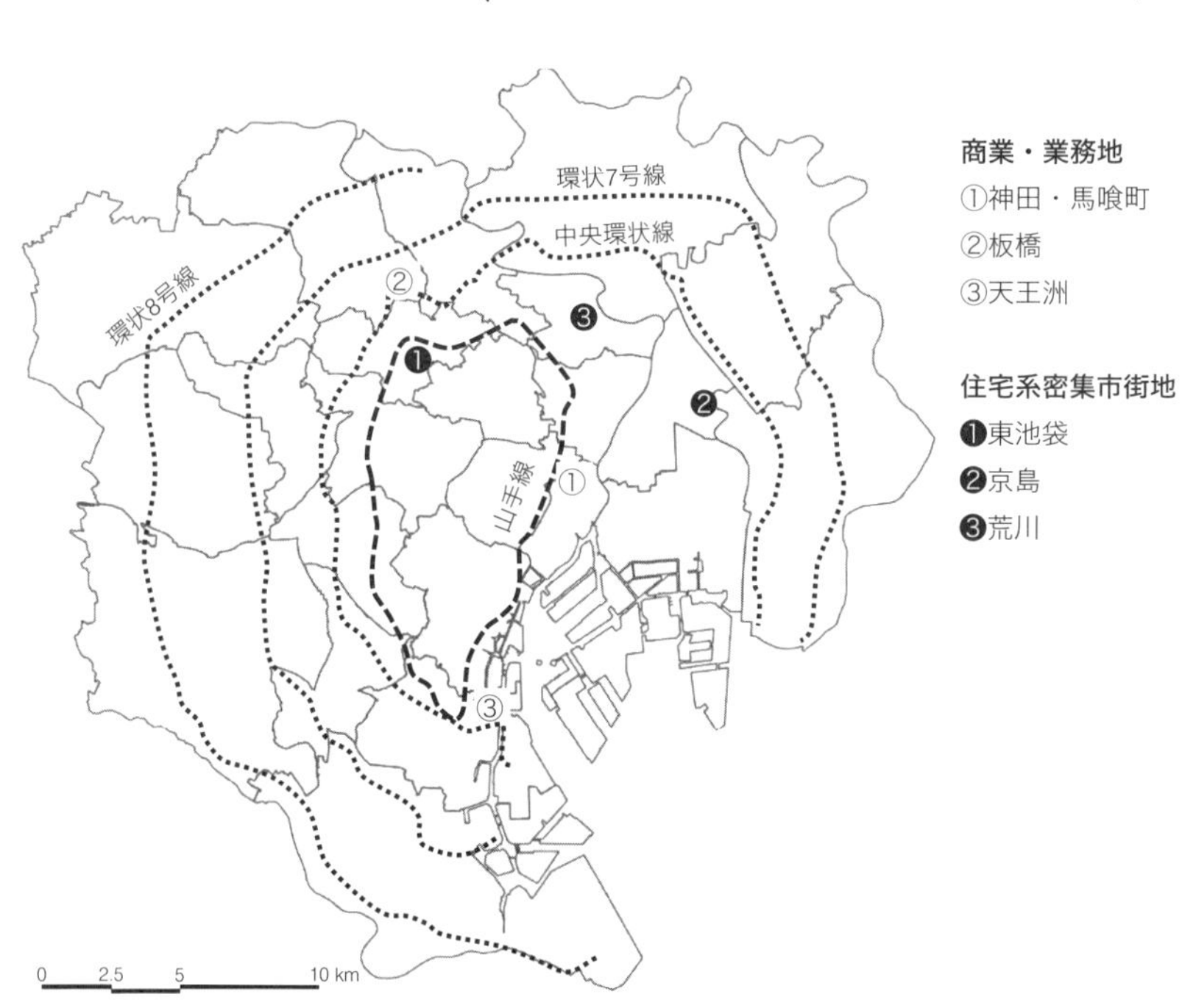

図2　東京都区部のインナーコミュニティ再生事例（商業・業務地と住宅系密集市街地の事例）

開発の不在を示唆している。昨今の都区部の従業者数の変化の特徴は、従業者数増減の二極化（大きく増加する地域と大きく減少する地域の存在）であり、とくに従業者数の大幅な増加は大規模再開発によりもたらされることが指摘されている。[注5] ある地域で大規模再開発が生じると、スポット的にその地域の従業者数が急増することが、まだら模様を生むのである。2000年代以降、開発要件の規制緩和や不動産証券化による資金調達の容易化などを背景に、とくに都心部を中心に大規模オフィス開発が相次いでいる。[注6] 一方で、不動産証券化にともない収益性が重視され、オフィス開発立地の選別が起き、その結果、交通利便性や敷地条件などが不利な大規模再開発の起きにくい地域では、企業が転出し、従来の従業地機能の低下が生じうるのである。

塊状の減少地域の典型的な市街地特性として、衰退産業の集積地域が考えられる。特定産業への依存度の高い地域において、当該産業が衰退傾向にあると、地域全体の経済活動が長期にわたって停滞してしまう場合が多い。1990年代以降の東京の産業構造の変化に関しては、グローバル化にともなう産業の空洞化や中小零細業者の高齢化といった産業自体の「体力」の問題が顕在化し、製造業や卸売業、小売業が衰退していることが指摘されている。[注7] 製造業は隅田川・荒川沿いや大田区、卸売業は都心の北東部において、塊状の集積地域が形成されている。小売業は面的な塊の規模は小さいが、銀座や3大副都心の商業地と周辺の近隣型商店街に分布している。いずれの産業も、従業者数や販売額が減少傾向にある。

注3　倉沢進・浅川達人編『新編東京圏の社会地図1975―90』東京大学出版会、2004年。
注4　金善美『「下町らしさ」のパラドックスを生きる―変貌する東京インナーシティのエスノグラフィー』一橋大学社会学研究科博士論文、2016年。
注5　小川剛志「東京区部における新たな業務市街地の形成に関する研究」『都市計画論文集』42巻3号、739〜744頁、2007年。
注6　菊池慶之「2000年以降のオフィスビル開発の特徴―東京都心5区の町丁目データを利用した分析」『不動産研究』、52巻2号、49〜55頁、2010年。
注7　松原宏「東京における産業構造の変化」『地学雑誌』123巻2号、285〜297頁、2014年。

図3は、以上の検討を「人口」「産業」のレイヤーごとに整理した模式図である。まず、人口の視点からは、山手線外縁から環状8号線にかけての「環状地帯」、とくにその北東セクターにおいて、相対的に人口増加が緩やかでかつ高齢化率が高くなっており、これらの地域の代表的な市街地特性としては、「木造住宅密集地域」や「ブルーカラーベルト」が挙げられる。また、産業の視点からは、まだら状と塊状に従業者数減少地域が分布しており、これらの地域の代表的な市街地特性としては、大規模再開発が起きにくい地域や衰退産業の集積地域が挙げられる。

最後に、これまでの検討と本書のインナーコミュニティ再生事例を踏まえ、都区部のインナーコミュニティの特性をまとめたものが図4である。

従業地機能の集積地域（図4太線の左側）では、大規模再開発により従業地機能が増大する地域がある一方で、開発の極から外れていたり敷地条件が悪かったりすることで、新たに大規模再開発が起こりにくく従業地機能が低下する地域がある。また、問屋街など衰退産業の集積地域においても、従業地機能の低下が生じている。本書の事例では、中小ビルが集積する繊維問屋街の神田・馬喰町地区（千代田区、中央区）、1980～1990年代に再開発され近年激しい競争にさらされているオフィス街の天王洲地区（品川区）が該当する。ただし、昨今は「人口の都心回帰」現象が見られ、従業地ではなく居住地の機能が高まる地域も多い。たとえば、神田・馬喰

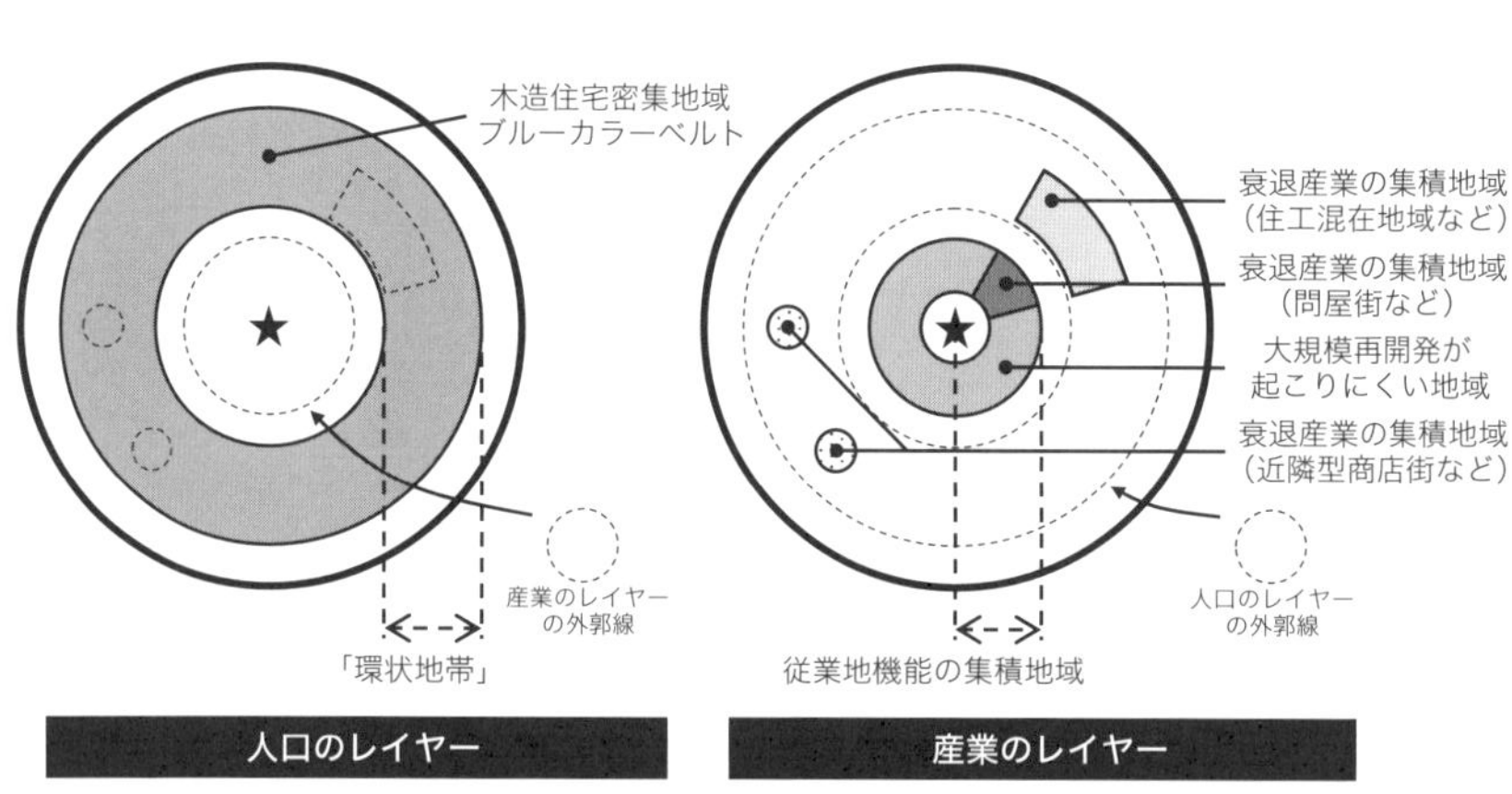

図3　東京都区部のインナーコミュニティの市街地特性

町地区は、地場産業の衰退や中小ビルの空室問題を経験したが、マンション開発による人口増加が著しい。

都心から少し離れ、居住地機能が卓越する地域（図4太線の右側）では、「人口の都心回帰」現象により人口増加する地域がある一方、山手線外縁から環状8号線にかけての「環状地帯」において相対的に人口増加率が低く高齢化率が高くなっている。とくに都市基盤が不十分で老朽化した木造住宅の多い「木造住宅密集地域」では、人口流入が少なく高齢化も進みやすい。本書で取り上げる住宅系密集市街地の事例は、いずれも「木造住宅密集地域」に含まれる。この「環状地帯」には、近隣型商店街や住工混在地域も分布しており、小売業や製造業の衰退にともない従業地機能の低下も見られる地域が少なくない。たとえば、近隣型商店街の板橋地区（板橋区）は、卸・小売業の従業者数の減少、住工混在地域の京島地区（墨田区）、荒川地区（荒川区）は、製造業の従業者数の減少が見られる。とくに、住工混在地域では、製造業の衰退と合わせ住民の高齢化も進む様子が見られ、「環状地帯」の都心から北東方面にあたる「ブルーカラーベルト」の特徴と言える。たとえば、京島地区では、人口減少と高齢化が顕著である。一方、「木造住宅密集地域」の都心側の際に位置し、副都心からの従業地機能や居住地機能の拡大の影響を受けた地域も存在する。たとえば、東池袋地区（豊島区）は「木造住宅密集地域」であるが、副都心である池袋の再開発の

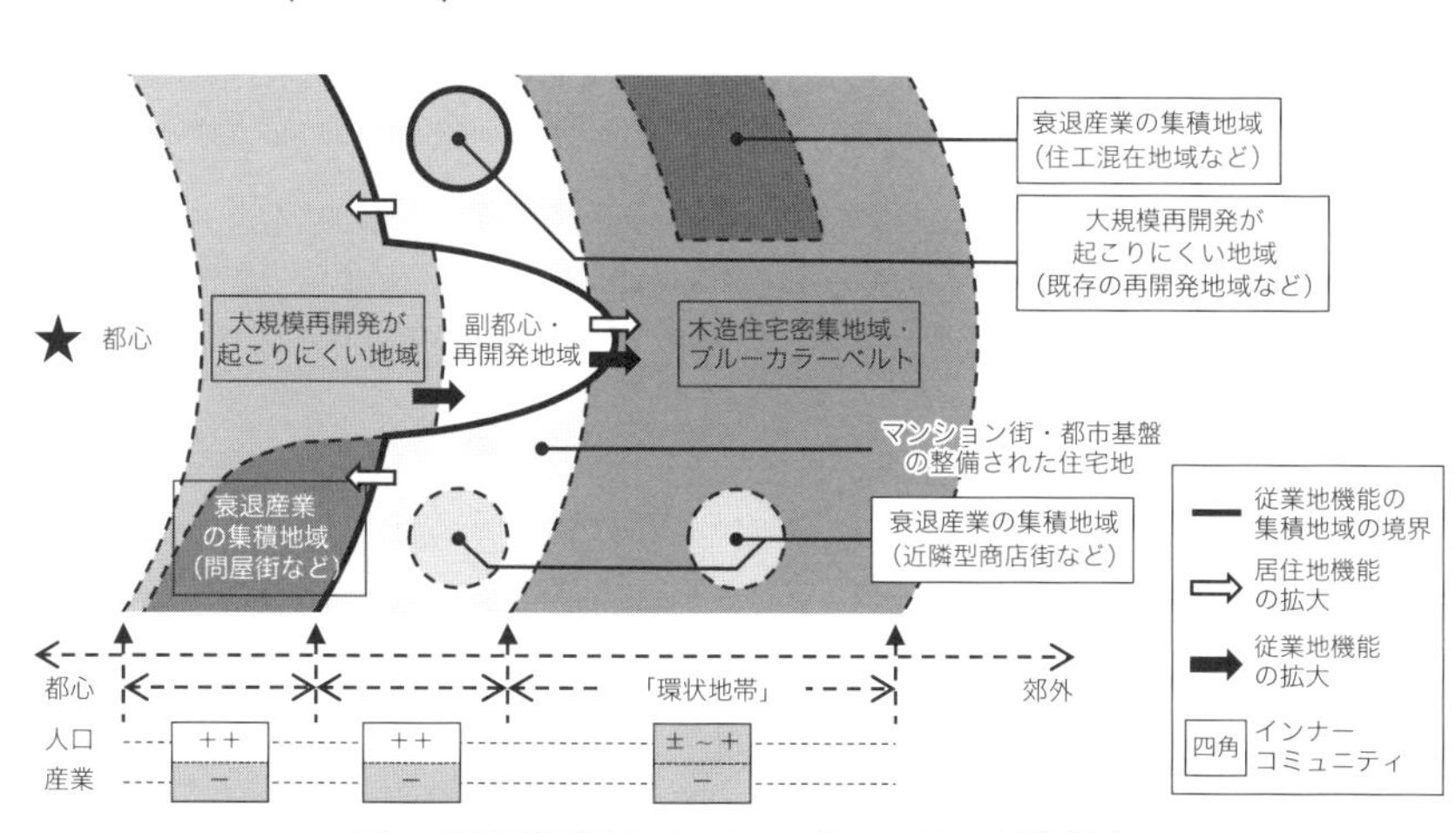

図4　東京都区部のインナーコミュニティの模式図

波が達し、人口と従業者数の大幅な増加が見られ、地域社会の大きな変容に直面している。

以上のとおり、インナーコミュニティは多様であるが、それぞれに特徴を持つ市街地の類型の集まりとしても捉えられる。このまとめは、都区部のインナーコミュニティの特性を示すものであり、都市構造が異なる他の都市圏にそのまま適用できるものではないが、他の都市圏のインナーコミュニティを理解するうえでも助けになるだろう。

（圓山王国）

5-2

建築ストックの転用から見た法制度と市場

インナーコミュニティと建築・都市計画制度の関係

インナーコミュニティは、これまで法制度が積極的な介入を試みてこなかった場所である。たとえば建築基準法や都市計画法に関して言えば、その主たる対応・検討地域は、いわゆる大都市中心部や郊外であり、ゾーニング指定後の緩やかな更新の進むインナーコミュニティは大きな問題のない「普通のまち」として認識されてきた。

もちろん、事例でも取り上げられている木造密集市街地に対しては、密集法[注1]をはじめとして防災上の観点から制度が確立され、市街地改善が進められてきたし、市街地整備にともなう形態規制の設定や、規制誘導策となる地区計画の策定など、建築・都市計画の法制度が一定の役割を果たしてきた。また、インナーコミュニティの近辺においても再開発など高度利用の枠組みに組み込まれる場所があるように、面的なエリア価値向上に向けた市街地整備を進める際には、法制度が関係するケー

注1　1997（平成9）年に制定、正式には「密集市街地における防災街区の整備の促進に関する法律」。この法律により、密集市街地の各街区に対して、防災街区整備方針や防災再開発促進地区の整備計画などを定め、その計画を進めるための手続き等が規定された。

スもなくはなかった。

こうした状況はあったが、本書がターゲットとするインナーコミュニティ問題に対して、真っ向から解決策を提示する視点を、現在の法制度は持ち合わせていない。裏を返せば、日本の建築・都市計画の法制度は、成長時代の「新築主義」を維持しており、本格的なストック活用や、小規模な市街地改善を積み重ねたエリアの再価値化を進めることに、十分に対応できていないのである。

とはいえ、ストック活用や小規模市街地改善に対して、法制度の目がまったく向けられていないわけでもない。とくに、空き家・空き部屋・空き店舗、空き地・未利用の公共空間の利用など、これまで創り上げられてきた既存ストックを活用しようとする観点は、現在の法制度が目指そうとする方向性と一致しているし、本書が扱っている再生事例には、低未利用の空間を有効的に活用した再生手法が散りばめられている。これらの事例は、停滞の続くインナーコミュニティの再生に向けて、建築ストックの更新・転用によって新たな市場を生みだすこと、同時にエリアのマネジメント・ブランディングを進めることが、極めて有効であることを教えてくれている。

既存ストック活用に向けた法制度の動き

以下ではまず、現在の建築・都市計画に関連する法制度をめぐる状況を整理しておきたい。

既存建築ストックをめぐる法制度の流れは、２００４年に社会資本整備審議会から国土交通省に対して行われた答申に、既存建築物活用を中心とするストック活用時代への転換が示されたことをスタートとしている。なかでも、用途変更等によるストック再生と有効利用、安全・衛生面で不十分な性能の既存建築物解消を進めるための議論が進められ、以降、建築基準法では、既存不適格建築物の規制緩和、特殊建築物に係る構造制限の緩和、大規模建築物の耐火性能緩和など、ストック活用に向けた枠組みの拡大が進められてきた。これは、既存建築ストックに関連する法制度の拡充が、事例のようなストック活用の動きと並行して行われてきたことを意味している。２０１８年に行われた建築基準法改正では、戸建住宅等（延べ面積２００㎡未満かつ3階建て以下）を他用途へ変更する場合に、避難措置を講じることで、耐火建築物等とすることを不要とするなど、ストック活用に向けてさらに踏み込んだ改正が行われている。[注2]

紹介された事例の中には、空き物件を積極的に活用したものが多く、広く関連法としてみれば、２０１４年の空き家法[注3]の制定や、２０１７年に制定された住宅宿泊事業法（民泊新法）も関係していると言える。実際に、東京の民泊登録の立地傾向をみても、インナーコミュニティ・木造密集市街地にあたる山手線外周部の低層住宅や都市型マンションに集中しており（図1）、加速度的に増える民泊利用は、既存ストックを一時的に転用する社会現象を生じさせている。また、当初から民泊貸し出しを目的としてマンション建設を行う「民泊マンション」が発生し始めるなど、

注2　このほか、用途変更にともなって建築確認が必要となる規模の見直し、耐火構造等とすべき木造建築物の対象の見直しなど、用途変更の柔軟化と変更にともなう単体規定の緩和が進められている。

注3　「空家等対策の推進に関する特別措置法」。この法律により、特定空き家の明確化、強制的な除却が可能とされるとともに、空き家の実態調査・対応計画、物件のデータ化等の推進が位置づけられた。

インナーコミュニティにおけるストックの転用・シェアリング活用は、多様な視点と課題を持って動きだしてきている。

一方で、２０１９年に行った民泊事業者に対するヒアリングによれば、すでに活用されていない民泊も多くなってきているとの話も聞かれており、コロナ禍でその傾向は強まっている。こうした状況から良好な取り組みを進める団体にとっても、個別のストック活用にとどまらず、エリアとしての価値づけが重要になってきている。法制度の変更はインナーコミュニティにおけるストック活用に対しても大きな契機となっているようだが、一元的な基準でしか判断されないがゆえに、法制度の動向を上手く理解しつつ、戦略を持った地域再生を進める対応が必要とされているのだ。

事例にみるインナーコミュニティのストック活用の視点

具体的に本書の紹介する事例をみると、インナーコミュニティのストック活用の取り組みとして、未利用の既存ストックを自由度の高い賃貸事業として市場に戻し、地域ブランディングにつなげる「松戸市」、地域で不動産を所有しつつ、活用方法を模索する「神田・馬喰町」、空き家の積極的な転用・活用に取り組み、得られた収益をさらなる再生につなげ、歴史的空間を再価値化す

図１　東京都における民泊登録物件の分布（2019年）（出典：「民泊サービスにおける衛生管理等に関する研究」厚生労働科学研究健康安全・危機管理対策総合研究報告書、2019.3）

る「粟田学区」のように、ストック活用を積み重ねて地域再生を進める実践がある。また、エリアの敷地・街区環境等の改善とともに、テナントの入れ替わりも合わさり、段階的なエリア再生を進める「天王洲地区」、既存ストック更新・転用に合わせ、戦略的に都市計画手法を組み合わせ、低炭素のまちづくりにつなげる「錦二丁目」のように、エリアのハード環境の改善を進めつつも、ストック活用の方針転換を図ることで、地域再生を進めている例もみられる。これらは、住居・商業・工業といった大枠の地域制を超えたエリア再生でもある。また、広く捉えれば、「板橋区」の不動産活用の事業展開なども、歴史的建築物を改修活用した取り組みと位置づけることができる。

このなかでも、「粟田学区」の取り組みは、住宅の用途転用についても積極的で、歴史的建築物に対する適用除外や、条例規定など、法制度を広く活用したストック改修を進めつつ、地域のブランディング、新たなストックの保全・活用にも波及効果をもたらしている。また、短期間定期借家で物件を事業者に転貸する手法は、空き物件の活用方法として特筆すべき例と言える。ここでは住宅の用途転用に対する延べ面積基準の緩和といった、建築基準法改正後の要件も積極的に戦略に取り込みつつあり、段階的に改正される法制度を使いこなしつつ、ストック活用を進める試みは学ぶべき点が多い。

その他の事例では、基本的に商業地域をはじめとした規制の緩やかな場所であるため、そもそも既存ストックの用途規制のハードルが高くないことが、結果として幸いしているようである。ストックの用途転用が行いやすい土壌があり、低賃料で借りられる住宅・店舗が残っていたことを逆手に取り、市街地再生や生業レベルの遊休不動産活用につなげている。こうした地区では、今後、住宅の用途転用なども新たな戦略に組み込みつつ、地域再生が進められるのかもしれない。

事例の特徴は、物件単体の再生からスタートして、小さな環境変化が発散・連鎖することでエリアの再生へとつながっていく点にある。ストックに関する法制度は、日本中の建築物に対して均一に導入される特性があるため、現実的には一件一件の建物再生のみを考えがちになる。しかしながら、本書が取り上げている主体・団体は、個別のストック再生・活用を進めつつも、複数の再生物件を異なる活用方法とするケースが多い。また、実際に使用する主体に自由度を持って物件を提供するなど、オーダーメイドのきめ細やかさを持った運用がなされている。こうした、連続的でありつつも、異なる取り組みを積み上げていくことによって、ストック活用によるエリア再生が成り立つことを、事例の取り組みは教えてくれる。また、単なるストック活用のみならず、丹念なソフト面でのまちづくり、エリアマネジメントの観点が組み合わさって初めて市場レベルで活用促進を進める有効な方法となっていることも見逃せない。

再生事例と市場動向から学ぶ法制度のあり方

本書の事例は、極めて小さな空間（建物・ストック）の転換的活用が連動して、インナーコミュニティの停滞を刺激するものであった。これは、従来の法制度が対象としていた面的介入よりも単位が小さく、また、離散的に変化を発生させるものである。つまりは、ベタ塗りの面ではなく、点が集合したぼんやりとした網掛けのように広がる戦略こそが、エリア再生として重要な取り組みであり、従来の都市・地域を計画する手法に不足する視点を提示している。また、計画化せず、その場所、その時期に応じて柔軟に戦略を変更しつつ、取り組みを重ねることによって成立する方法論とも理解できる。インナーコミュニティは、ポテンシャルと停滞の狭間に位置するがゆえに、こうした小さな活用や転用の積み重ねによって、市場価値が高められる場所なのだろう。

現在のストック活用に向けた法制度の動きは、基本的に規制緩和であることから、課題を生じさせることも多い。また、現場で起こる積極的な事例に合わせて法改正・法制定を進める後追い型の制度設計も続いている。インナーコミュニティの再生を目指す立場にとっては、法制度の転換を広く理解し、上手く利用する専門性・戦略性が一層求められる。一方で、これからの法制度には、本格的なストック活用を目指す社会的枠組みづくりや、事例のような魅力あるエリア再生を進める地区に対するストック活用支援策を設けるなど、マネジメントに重きを置いた本格的なモデルチェンジが求められているのではないだろうか。

（藤賀雅人）

参考文献

・日本近代建築法制100年史編集委員会『日本近代建築法制の100年―市街地建築物法から建築基準法まで』日本建築センター、161－177頁、2019年6月。

・石井くるみ「既存住宅の民泊活用に関する法制度：規制緩和と課題」『都市住宅学』108巻、52～57頁、2020年。

・三科裕、藤賀雅人「東京都区部における空き家活用支援事業の運用実態―先行導入5区を対象として」『日本建築学会技術報告集』第65号、429～433頁、2021年2月。

5-3

再生の基本戦略

停滞を引き起こす要因

本書で取り上げたさまざまなインナーコミュニティ再生事例では、いずれにおいても背景には何らかの社会的停滞があって、それを計画的介入によって克服しようとする試みをとおして再生への道を歩み始めていた。改めて事例を俯瞰してみると、社会的停滞が引き起こされる背景には、いくつかの共通する環境条件の存在が浮かび上がる。

第一に、新たな空間利用を生みだすための、外的な働きかけの力（エネルギー）が低下しているケースが多い。外在的な活動エネルギーとしての開発需要は、さまざまな歪み・摩擦を地域に引き起こすリスクをともなうが、都市の新陳代謝を促し、都市環境の維持・更新に寄与する側面も持っている。成長期においては、開発需要の存在はいわば所与の前提であって、必要であればそれを「利用」することができた。しかし昨今、都心回帰傾向にあると

図1　住工が混在したインナーコミュニティでは居住者・事業者双方の社会的停滞が生じている

はいえ、都市全体の人口増加が一服するなかで、成長期に比べると開発需要は低下しており、それにともなって「利用」可能な開発需要も力強さを失っている。

第二に、多くの場合、地域に内在している空間利用のための働きかけの力（エネルギー）にも低下がみられる。インナーコミュニティでは高齢化が進んでいることが多く、そのことが不動産の所有と利用の硬直化の一因となっている。居住用不動産に関しては、所有者が高齢化すると一般に転居を好まなくなるほか、自己資金力のみならずローンを組むといったリスクテイク意欲・能力が低下して資金調達能力が低下する。そうなると居住者は、売却や住み替えに消極的になるし、家が多少老朽化しても大規模な更新を避けるようになって、現状のまま「やりすごす」ことを選択しがちとなる。

また事業用不動産に関しても、所有者の高齢化や不動産価値の低迷によって投資意欲が減退するなかで、更新が進みづらくなっている。高齢によるリスクテイク意欲・能力の低下に加えて、すでに初期投資を回収してローン負担から解放されたものも多く、事業意欲はますます低調となる傾向にある。そのため、ここでも（居住用不動産と同様に）現状のまま「やりすごす」という〝放置戦略〟が採用されがちとなる。

第三に、土地や建物の流動性が低下して、新たに利用可能な空間資源が少なくなっていることが指摘できる。インナーコミュニティは家賃等の居住コストが比較的低いので、既存の居住者・事業者からすれば、わざわざ高い居住コストを負担して他のエリアに移るメリットは見いだしづらい。また人口構成からみても、すでに述べたとおり住み替えに消極的な高齢居住者が多いため、他の地域と比べて居住者の移動志向が低く、新しい住民や事業所の流入が滞ることで、社会の構成員が固定化する社会的停滞を生じているケースが多く見られる。

利用可能な空間がなければ、新しい住民が地域に入ってくることはできない。逆に空間が一定以上あれば、新規住民のみならず、既存住民のなかにも年齢やライフスタイルの変化に合わせて住み替えようと考える人が出てきて、それが新たな空間を生みだすというように、連鎖的に流動性が高まっていく。建て替えやリノベーションの多くは住み手の入れ替えの際に生じるので、このような流動性の高まりは都市更新を促す。ところが社会的停滞が顕著なインナーコミュニティでは、新規居住者や新規投資が流入するための物理的余地が乏しく、そのことが都市の健全な更新を妨げる要因となっている。〝スライドパズル〟では、ピースが一つ欠けているおかげで、その余地を活かしてピースをスライドさせパズルを解くことができるが、土地・建物の流動性が低下したエリアでは、まるで〝スライドパズル〟のピースがすべて埋まってしまってゲームを進められなくなっている状態のように、地域の空間利用が目詰まりを起こして、身動きが取れなくなっているのである。これを、「詰まったパズル」問題と呼びたい。

インナーコミュニティ問題の根本は、以上に列挙した「内的・外的な活動エネルギーの低下」「詰まったパズル問題」にあると考えられ、したがってインナーコミュニティの再生のためには、それらに対して策を講じる必要がある。

そこで次項では、2～4章で取り上げたいくつかのインナーコミュニティ再生事例を参照しつつ、そのなかで試みられている再生にむけた戦略を、「内的・外的な活動エネルギーの低下」「詰まったパズル問題」への対応という観点から俯瞰し抽出してみたい。

再生の四つの戦略

(1) 明確でポジティブな地域ビジョンを共有する

インナーコミュニティでは、関係各者の更新意欲が低迷している(内的な活動エネルギーの低下)。そのため、現状のまま「やりすごす」という〝放置戦略〟が採用されがちであることはすでに述べた。そうしたなか、インナーコミュニティ再生にむけての意欲を高めるためには、明確でポジティブな地域ビジョンを描き共有することが有効である。とくに、取り残されたインナーコミュニティにおいて、そこに多少なりとも労力を傾けたりリスクをとったりして、再生に関与するさまざまな主体にとっては、その立場が居住者にせよ、デベロッパーにせよ、金融機関にせよ、短期的な利益のみでは参画のインセンティブが不十分であることが多く、その点が参画を阻むボトルネックとなることがある。現状では社会的停滞とそれにともなう負の外部性が卓越

図2 ポジティブな将来像を共有することでステークホルダーの意欲を高める

するなか、再生の先にはそれが解消され正の外部性を享受できるようになるという前向きなビジョンを描くことは、長期的にはリスクに見合うことを関与者に意識づけることになる。

たとえば長者町の事例では、繊維産業が衰退してマンション化がすすみ、産業のまちとしての個性と魅力が損なわれかねないところに、「低炭素」を共通の旗印として、地元の不動産オーナーがビル建て替えを進めたり、それと並行してオープンスペースの整備を進めたり、そのほか小さなまちづくり活動を埋め込んだりしている。明確なビジョンの設定が、地域の多様なステークホルダーをやる気にさせている好例と言えるだろう。

インナーコミュニティの問題は、たいてい表面的には地味なものである。生活基盤の弱体化は長期間をかけて進行するので、そこに長期間住んでいる人々にとっては、さしあたって大きな問題と感じられないことも多い。とはいえ、生活基盤が相対的に脆弱であることは事実だし、問題が徐々に悪化することを傍観して、あると き気がついたら生活がどうしようもなく困難なほど住環境が悪化していたという事態は避けなくてはならない。そもそも、地域環境の悪化を仮に当の住民が十分認識していないとしても、そこに問題がないということにはならず、再生にむけて努力を怠るわけにはいかない。

ただいずれにしても、インナーコミュニティが抱える問題は分かりにくく、地域が再生することで何かどのように良くなるのかがイメージしづらいので、そこに関与するインセンティブが描きにくい。成長期であれば、絶対的に不足していた空間を量的に提供することがとりいそぎ必要とされ、その需要に疑いを挟む余地がほとんどなかったから、地域独自の明確なビジョンが欠けていてもポジティブな未来像を共有しやすかっただろう。しかし脱成長期を迎えた今、とくに、問題と将来像が不明瞭なインナーコミュニティだからこそ、多様な参画者が共有できる明確な地域ビジョンを提示することの必要性は高い。

(2) 不動産利活用のハードルを下げる

関係各者の意欲が低下するなか、〝放置戦略〟を克服するもう一つのアプローチは、不動産利活用のハードルを下げることだ。具体的には、不動産の所有と活用のリスクを分離することが有効である。

たとえば松戸の事例では、オーナーを説得して空き床をサブリースすることで所有者からリーシングのリスクを分離して、有休不動産の活用を可能としている。その際に、サブリースする主体が、当地での実績をもとに一定の認知と信頼を獲得していることが効果的に働いている。また、粟田学区の事例では、遊休不動産のオーナーが、その利活用希望者に一定年月のあいだ賃貸料を割引くかわりに、建物への再投資の一切を利活用希望者に負わせている。オーナーとしても期間中は不動産を勝手に処分できないなどリスクがゼロではないが、現金の持ち出しはない。つまり、この手法では投資リスクを、オーナーによ

図３　不動産の所有と活用のリスクを切り分けることでハードルを下げる

る現物出資分と、利活用者による現金出資分に切り分けているのである。オーナー自身の投資意欲が不十分な場合であっても、負担感の大きい現金出資から解放されれば、不動産の活用と更新が進みうることが分かる。

⑶ 意図的に「空隙」を作りだす

「詰まったパズル」問題に対しては、長期的な更新戦略に基づいて意図的に「空隙（新用途に利用可能な空間）」を作りだし、新規居住者や新規投資が流入するための余地を確保することが有効だ。たとえば町屋地区での密集住宅地再生の事例では、取得可能な土地が出るたびにURがそれらを取得し、こまごまとした小規模な土地を種地として活用することで、地域全体の連鎖的更新を可能としている。小規模な種地は、自治体による道路整備に係る生活再建のための代替地や、面整備にあたっての転出者等の代替地、公園など公共施設の整備、従前居住者用賃貸住宅の建設などに活用されている。個々の用地取得単位で有効性・採算性を考えるというよりは、更新を面的かつ長期的にとらえ、一見無戦略にも見える離散的な用地取得によって空隙をたくさん作りだすことで、連鎖的な更新のきっかけを生みだすことが重視されている。

ただしこのような〝戦術的〟な空隙の確保は、面的に展開されて初めて意味があるものだ。しかも事業として成立するまでには、長期戦を覚悟しなくてはならないから、民間事業としてはかなりハードルが高い。そこで、短期的な利益追及にとら

図４　意図的に「空隙」を作り出すことで流動性を高める

われず、また税制優遇などによって不動産保有コストが低く抑えられる公的主体を事業主体とすることが考えられる。町屋地区の事例の場合、URが長期間土地を所有して、気の長い事業のリスクを負っている。これは、半公共的主体として事業期間中の不動産保有コストが減免されているURだからこそ可能な事業と言えるだろう。

(4) たくさんの「小さな改善」を積み上げる

新規開発需要が低迷しているため、更新のために大規模再開発などの大きな動きが取りにくくなっている（外的な活動エネルギーの低下）。これに対しては、小さな更新行為を連鎖させることで、まちをゆっくりと良くしていくアプローチが有効である。

天王洲地区の事例では、かつてリーマンショック後の不景気を背景としてオフィスビルの事業性が低下し、空室の発生や家賃の下落が目立つようになっていたが、当地には容積率からみた追加開発の余剰が大きくなく、また市場動向から考えても、大規模な「再・再開発」による将来像は描きにくい状況にあった。そこで地権者が「小さな改善」に目を向け、地道なエリアマネジメントを長期にわたって推進することで、建て替えに頼らないバリューアップを図っている。ウッドデッキの整備、足元景観の向上、水辺利用の促進、エリアブランディングの推進など、天王洲地区で行われている取り組みの一つ一つは、比較的小規模なものであるが、地区の将来を案じる地権者たちがこうした「小さな改善」を積

図5　大規模な再々開発に頼らず小さな更新の連鎖で解く

み重ねることによって、地区の価値再構築に成功している。

脱成長時代の地域再生をめぐる「攻めと守り」のバランス

前項で述べたような戦略を適切に選択し組み合わせることによって、「内的・外的な活動エネルギーの低下」「詰まったパズル問題の発生」という脱成長期のインナーコミュニティが抱える課題を克服し、うまく新しい居住者や事業者が流入するようになれば、地域の生活基盤の再構築が始まるかもしれない。

その一方で、都市更新の規模やスピードが過度となり、地域本来のポテンシャルを大きく上回ってしまうことは避けなくてはならない。過大な開発は、停滞とは逆方向の「市場価値－潜在価値」ギャップを生じる。それもいずれ調整局面を迎えることになるが、その過程で家賃の過度な上昇によって不本意に転出する人がでてきたり、無駄に大きな床に対して十分な居住者や事業テナントが集まらず地域の「お荷物」化するなど、自律的な回復力を毀損することにもなりかねない。インナーコミュニティの停滞を解消するために地域の潜在ニーズに見合わない更新を進めて、将来に禍根を残すことがあっては本末転倒だろう。

成長期であれば、開発の程度が地域の潜在需要規模を一時的に上回っても、長期的には需要の増加が追いついてくるという推測が成り立ったから、更新のスピードが加速しすぎることを懸念する必要は小さかっただろう。しかし脱成長期を迎えた今日では、社会の成長スピードが鈍化していることを前提として、更新の程度が過度にならないように制御することの重要性は高まっている。

そこで、「停滞」のボトルネックを解消して更新を促すアプローチによる「攻め／アクセル」だけではなく、「守り／ブレーキ」を意識して、適切な更新の規模・スピードを確保することが重要となろう。

地域の既存文脈をはるかに超えるような大規模開発が生じると、地域コミュニティは分断され、継続性を失って、弱体化してしまう。地域における良好なコミュニティの存在は地域魅力の重要な部分を占めており、それが失われれば、地域の「自律的な回復力」が毀損される。地域に過度なインパクトをあたえない規模の開発を導入することで、その後の誘発を狙うという「小規模連鎖」型の開発が望ましい。

脱成長期のインナーコミュニティ再生は「安全運転」で

本節の最後に、以上で見てきた脱成長期のインナーコミュニティ再生が成長期のそれとどのように異なるのかについて、車の運転になぞらえてまとめてみたい。脱成長期のインナーコミュニティ再生は、以下のような「安全運転」がこれまで以上にシビアに要求される〝ドライブ〟になるだろう（図6）。

図6 「どの道をいくのか、どこまでいくのか、どのくらいのスピードでいくのか？」ナビゲーションを頼りに、慎重なドライブが必要

①方向性　（どの道をいくのか）の慎重な選択：空間需要が拡大し続けていた時代には、「成長（地域の人口・建築ストックの量的拡大）」そのものが目標の方向性となりえた。脱成長期に入り、地域の目標像としてそのような単純な成長路線を描きにくくなると、むしろいろいろな目標像、方向性が見えてくる。地域の特性をよく観察して、適切な目標像を選択する必要がある。

②距離　（どこまでいくのか）の慎重な選択：「成長」の余地に限界がない前提に立てば、急激な開発による負の影響を抑制できる範囲内で、成長を最大限追求することに躊躇する必要はなかった。これに対して脱成長期には、地域の中長期的な空間需要を慎重に見定めて、身の丈にあった適切な成長を追求する必要がある。

③アクセル・ブレーキ　（どのくらいのスピードでいくのか）の慎重な選択：開発圧力が大きい時期には、規制を基調としてそれに誘導を組み合わせることで、それなりに有効な計画的介入が可能だった。脱成長期に入り、空間需要自体が力強さを失うと、開発による負の側面に引き続き注意を払いつつも、民間事業を含めた更新を積極的に誘発していく必要がある。

さて右記のように慎重なマネジメントを実現するために、地域を「観察すること」の重要性が浮かび上がってくる。地域の状況を客観的に観察して理解することは、適切な目標像を選択し、地域の中長期的な空間需要を見定めることに役立つからである。インナーコミュニティ再生のために、コミュニティの性質を客観的に評価する「アセスメントツール」の開発が望まれる。

車の運転でいえば、いわばカー・ナビゲーションシステムの役割を果たすその「アセスメントツール」は、地域間で比較可能なものである必要がある。それによって、相対的な強みと弱みを把握することは、適切な目標像を選択するために有効である。加えて、同一地域内にてツールを継続的に用いることで、地域内の変化を時系列で観察することも重要である。「アセスメントツール」を用いることで、継続的な経過観察をとおして、再生に向けた施策の効果を推定して改善を試みたり、身の丈にあった適切な成長を追求したりといったことが可能となるだろう。

（山村　崇）

5-4

多様な仕掛け人による資源の新結合

本書で扱った事例では、再生の中心主体となる仕掛け人が、10年～20年という時間のなかで、仕掛け人の仲間（周辺主体）の特性や市街地全体の状況の変化（市街地の実態）を踏まえた漸次的・持続的な事業・活動を通じて、インナーコミュニティ再生を実現させていた（図1）。本稿では、再生の過程に見られた新たな特徴を踏まえ、限られた資源をどのように組み合わせて再生を実現できるかという経営的な観点からそのアプローチの体系化を試みたい。

空洞化するインナーコミュニティでは、再生のための事業を実施するための資源の確保にそもそもハードルがある。しかも単独のセクターの仕掛け人だけで、その資源が確保できるとは限らない。したがって、本稿は状況に応じた協働体制や役割分担を探究するものでもある。

まちづくりの系譜のなかでのインナーコミュニティ再生の位置づけ

インナーコミュニティ再生は、従来のまちづくりとはどのような点が異なるのか。

注1　Shigeru Satoh, *Japanese Machizukuri and Community Engagement History, Method and Practice*, Routledge, 2020.

大きくは次の3点に整理されると考えられる。

まず、1点目は起業の動機づけに基づく社会的企業・起業家の参画である。社会的企業・起業家は空洞化した市街地をソーシャルビジネス展開のフィールドと捉え、漸次的なプロセスのなかで試行錯誤しながらビジネスモデルを構築している。再生の起点となる建物の改修・転用や公共空間の利活用は事業規模が小さいことで、ビジネスとして新規参画することのハードルを下げている。佐藤滋[注1]は、70年代以降のまちづくりの流れを、理念の第1世代、モデルと実験としての第2世代、地域運営としての第3世代と整理している。本書の再生例は、多様な主体によるまちづくりの共治という第3世代の核となる概念を体現しており、その系譜の流れにある一方で、超高齢社会や共働きなどのライフスタイルの変化による地域内の担い手不足によって、関係人口と称されるような地域外の主体との協働の重要性が増している。それにともなって、こういったビジネスが特定の地続きのエリアに限定されず離散的に展開されるという点も新たな特徴である。

次に、2点目はエリアや組織の流動的な変化が挙げられる。空き家・空き地の発生といった都市のスポンジ化はランダムに発生し、既成市街地にあって関係者が多いため、必ずしも同じエリア

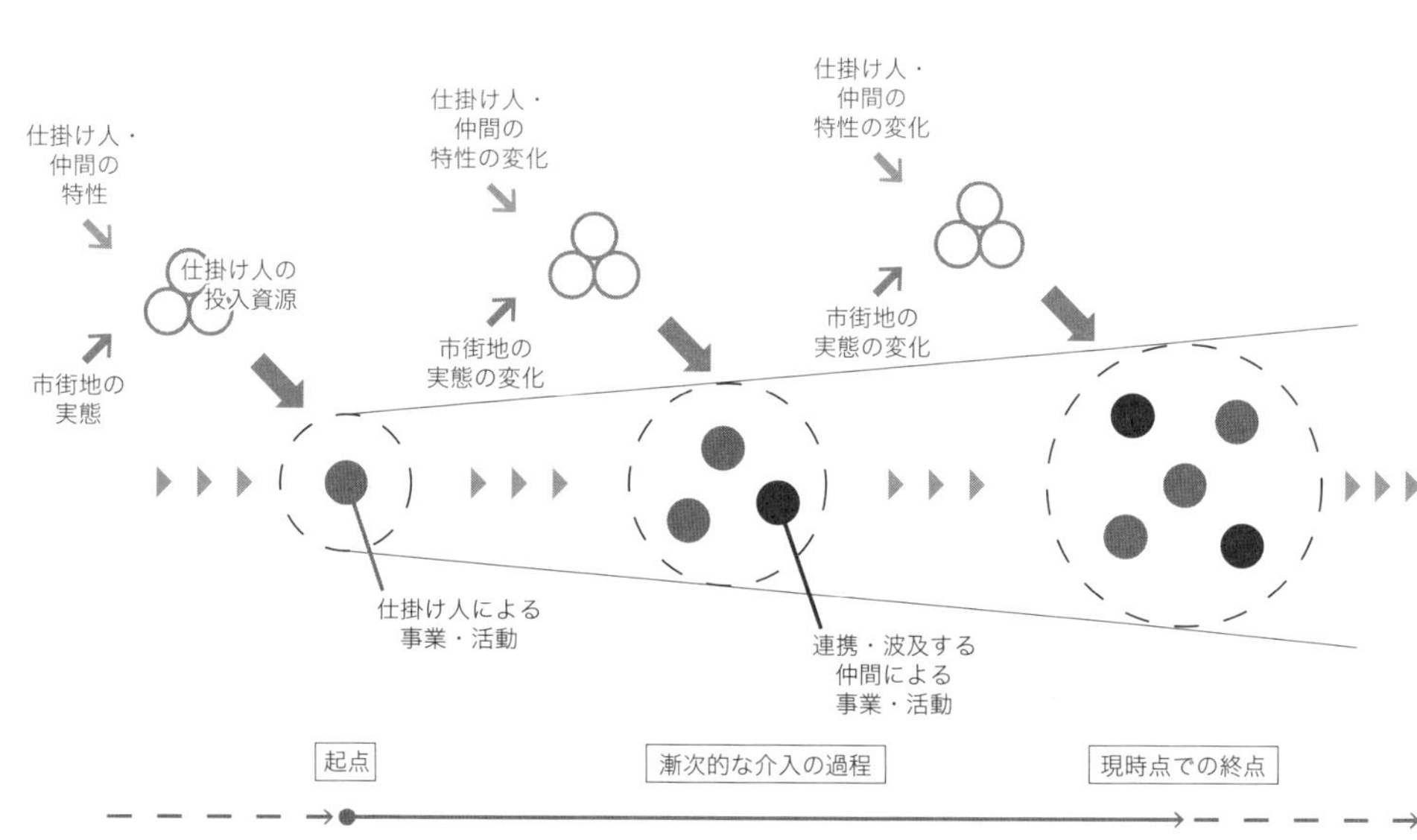

図1　持続的なインナーコミュニティ再生の過程

で事業展開を志向しても実現できる保証はない。そのため、エリアマネジメントのように当初からエリアが定まっているのではなく、仕掛け人はエリアを必要に応じて広げる、縮める、あるいは移していく。公共空間を起点に協働体制を築いた後、不動産事業で財源を確保するというように、協働体制を構築する場とビジネスを展開する場は必ずしも一致しない。

そして、3点目は法定ではない任意の構想・計画を起点とする再生プロセスの進展である。主体が流動的に変わっていくなかで、地域の羅針盤となる機能を果たすことで、持続的なエリア価値の維持・向上を実現させている。まちづくり条例をはじめとする行政による公的な法制度は依然として重要なツールである一方、地域活動の活発化・成熟化を通じて、公的な法制度の根拠となりうる地域の構想・計画が策定されるにいたっている。

経営資源論に基づくインナーコミュニティ再生の三つのアプローチ

これらインナーコミュニティ再生に見られる特徴を経営資源論から捉え直すことで、アプローチを整理してみたい。経営資源に着目するのは、いつ、誰がどのような資源を投入すれば良いのか、という仕掛け人にとって実践的な知見を提供することを主眼においているためである。

経営学では、一般に、経営資源は大きく人的資源、情報資源、財源、物理的資源の四つの要素に分けられる。インナーコミュニティ再生のような都市更新・再生は、人的資源、情報資源、財源の投入を通じて、都市空間を改変するさまざまな事業という物理的資源を主に実現するものと捉えられる。そして、前述のインナーコミュニティ再生特有の特徴に対応して、図２のように重視する投入資源の種類を整理できる。起業という財源を重視するアプローチを起業的アプローチ、流動的な協働体制の構築という人的資源を重視するアプローチを共創的アプローチ、任意の構想・計画という情報資源を起点とするアプローチを制度的アプローチと定義する。

多様な仕掛け人による投入資源の新結合

これらのアプローチが、多様な仕掛け人によって実現される。ただ、投入可能な資源は仕掛け人のセクターによって異なり、単独のセクターで必要な資源を確保できるわけではない。主体間の役割分担を通じた投入資源の新結合（相互補完）によって、インナーコミュニティ再生が実現される。

インナーコミュニティ再生における各セクターの代表的な仕掛け人像としては、ソーシャルビジネスを立ち上げようとする社会的企業・起業家、および地場産業の再生やテーマ型まちづくりといった生業や趣味に関わる活動の延長として関わる地域組織、先端的な研究の知見の社会実装を試みる大学・研究機関、都市間競争を生き抜くための都市経営を志

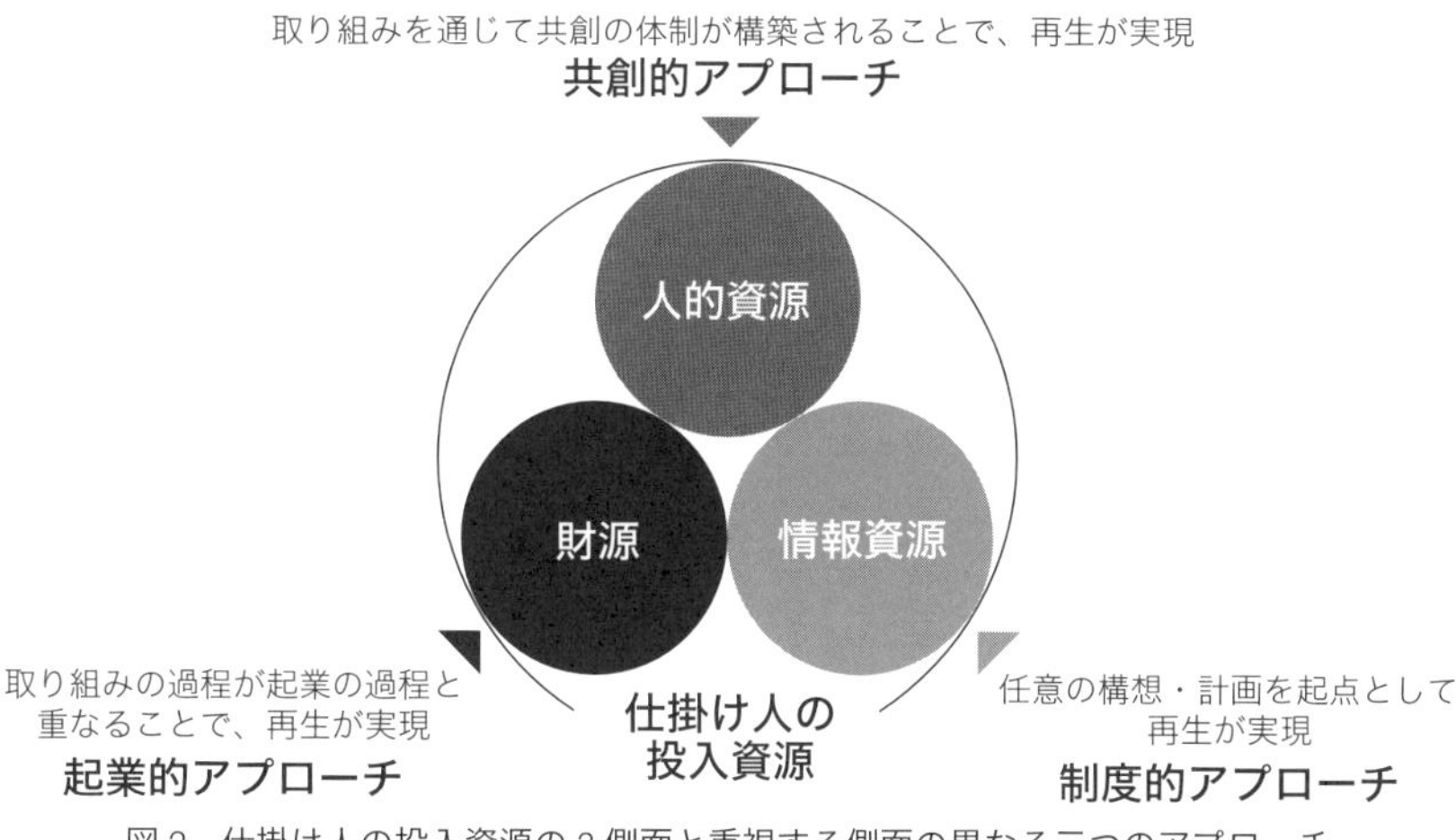

図２　仕掛け人の投入資源の３側面と重視する側面の異なる三つのアプローチ

向する行政、エリアの価値を向上させることが企業のブランディングに寄与する地域密着型の中小民間企業が挙げられる。エネルギー企業や倉庫企業といった主幹事業が不動産事業ではない企業が多く見られるのもインナーコミュニティ再生の特徴である。

そのような多様な仕掛け人のセクター別の主な投入資源と果たすべき役割は図3のように整理される。まず、社会的企業は、主に地区参入のための組織構築・地区内外の主体の結びつけ（人的資源）やソーシャルビジネスの展開のための投資（財源）を行う一方、地域組織は、主に都市計画の根拠となりうる構想づくり（情報資源）や事業を展開・継続するための組織の構築（人的資源）を行う。次に、大学は、主に研究を通じた先端的な知見の提供（情報資源）や教育活動としての学生の参加（人的資源）を行う。そして、行政は、主に地区の課題を踏まえた基本構想の策定・社会的信用の提供・取り組みを定着させる仕組みづくり（情報資源）や初期の財源補助を行う一方、民間企業は、主にプロボノとしての知見の提供（情報資源）や社会貢献

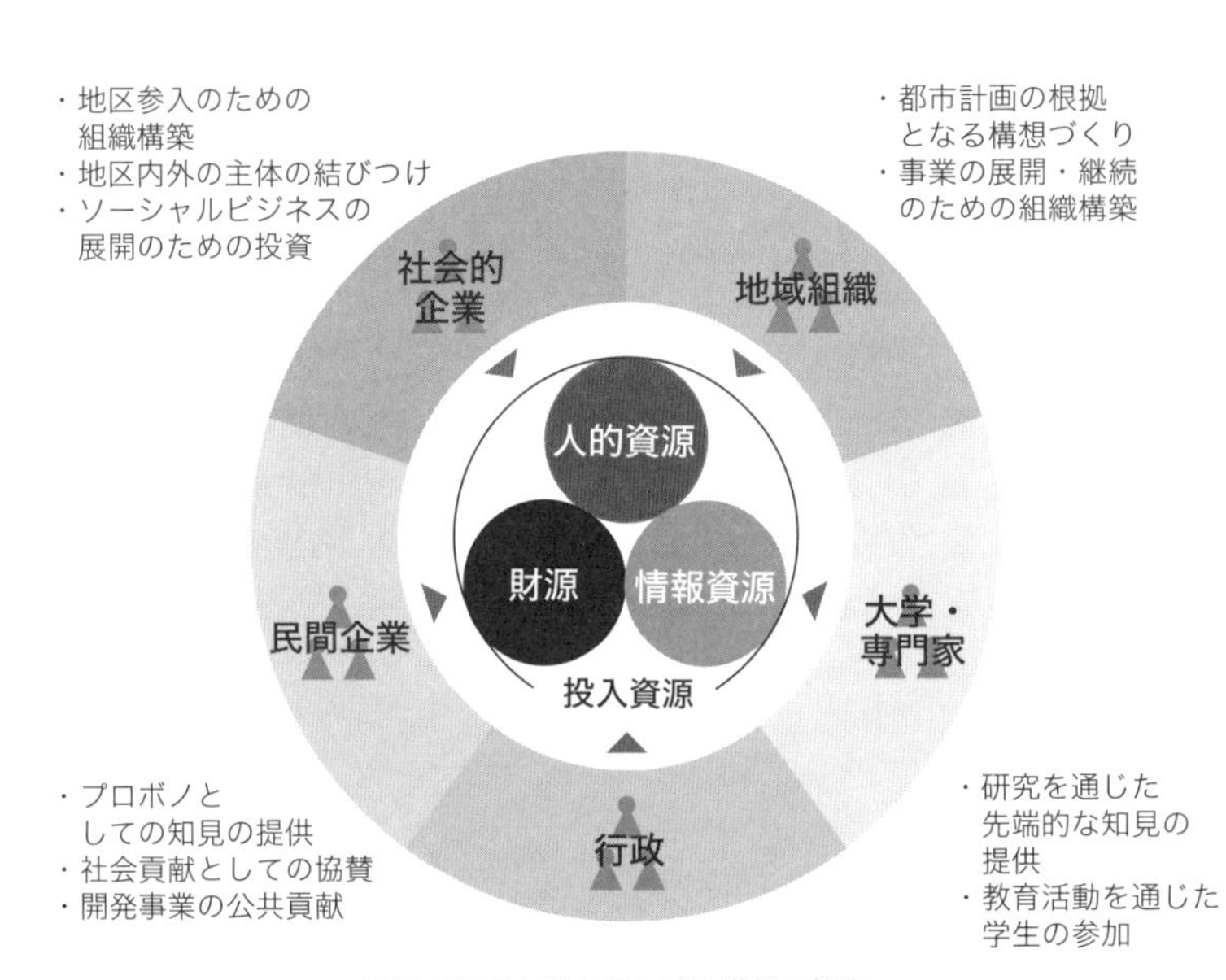

図3　多様な仕掛け人とその投入資源の関係

（CSR）としての協賛・開発事業における公共貢献（財源）を行う。

アプローチに応じて異なる仕掛け人と仲間の役割

このようなインナーコミュニティ再生の漸次的なプロセスのなかで、アプローチの種類に応じて、仕掛け人の役割、投入資源の内容・手順が異なってくる（図４）。

起業的アプローチでは、社会的企業が仕掛け人となって事業モデルを構築するなかで、行政による社会的信用の活用（地域と社会的企業をつなぐ）・初期の財源補助、地域組織による行政財源を活用する受け皿となる組織づくりが行われる。

共創的アプローチでは、社会的企業や地域組織が仕掛け人となって体制やエリアを組み替えながら事業を展開するなかで、その取り組みの継続性を担保するために、行政による仕組みづくり（地区計画など）、地域組織による組織づくり（エリアマネジメント団体）が行われる。

制度的アプローチでは、地区内の地域組織や地域密着型の中小民間企業が仕掛け人となって任意の構想・計画

制度的アプローチ

仕掛け人	地域組織	社会的企業	地域組織	大学・専門家　行政	民間企業
投入資源	地域の羅針盤となる任意の構想づくり	地区内外の主体の結びつけ	構想を具体化する計画づくり	公共貢献の実現のための働きかけ	任意の構想・計画を具現化する公共貢献

共創的アプローチ

仕掛け人	社会的企業	民間企業	民間企業	行政	地域組織
投入資源	エリア選択・変更を通じた体制の構築	CSRとしての協賛	プロボノとしての参画	取り組みの継続のための仕組みづくり	取り組みの継続のための体制づくり

起業的アプローチ

仕掛け人	社会的企業	行政	行政	地域組織
投入資源	事業モデルの構築	地域に対する社会的信用の活用	初期段階の財源補助	行政財源を活用する受け皿となる組織づくり

図４　アプローチに応じて異なる仕掛け人と仲間の役割、投入資源の内容・手順

づくりを行うなかで、社会的企業が内外の主体を結びつけて事業を実施していく。地区外の民間企業による（面的）開発が行われる場合には行政や大学（専門家）による働きかけを通じて、任意の構想・計画を具現化する公共貢献が実現される。加えて、行政も独自の構想・計画を作成して、社会的企業や民間企業を呼び込み、持続的な事業や活動の起点をつくる場合もある。

このような経営的な観点に基づくアプローチの体系は、一つのアプローチを選択して実装されることを想定したものではない。実際、本書で扱った事例の仕掛け人は複数のアプローチを組み合わせて取り組みを行っていた。本体系は局面に応じて、資源を投入・分配すべきか、また、それに紐づいて誰と協働すべきか、を判断するための羅針盤となるものである。

（中島弘貴）

補注

図4は、3事例に基づき、それぞれのアプローチの過程を整理したものである。制度的アプローチは錦二丁目地区、共創的アプローチは神田・馬喰町地区、起業的アプローチは松戸市中心市街地の事例に基づいている。他の事例に適用する際には、多少主体の属性が変わる、あるいは、資源の順番が前後するが、各アプローチの大きな流れや仕掛け人の役割分担は同様である。

参考文献

・中島弘貴『小規模事業を起点とする都市更新のアプローチに関する体系的考察』東京大学学位論文、２０２０年。

5-5

新たな介入産業プラットフォームの形成

インナーコミュニティでは、利便性が高い都心周縁部にもかかわらず、周辺と比較して、地域本来の価値からの落ち込みが発生している。これらの地域では、空き家、空きビル、空き店舗、空きオフィス、空き地、空き倉庫、歴史的建造物など「空き空間」の発生が課題として表面化している。

本書で扱った再生事例でも、空き空間が発生しているケースが多く見られた。木造密集市街地などでは、防災上の課題や老朽化した住環境が地域イメージの低下をもたらし、世代循環の停滞により空き家や空き地が発生していた。また、都心周縁部に立地する歴史的市街地では、開発を免れてきた歴史的建造物が、高い家賃や法不適合などにより世代継承や活用ができず、空き空間となり解体されることが課題となっていた。さらに、問屋街や倉庫街では、流通革命などの産業転換により空きビルが発生していた。

本書では、インナーコミュニティの典型的な問題として、このような空き空間の課題を抱えた地域への新たなまちづくりの介入方法を検討してきた。

これまでのまちづくりの介入方法

従来のまちづくりをとおした地域への介入方法は、自治会や商店会などの地縁型組織を母体として、エリアコミュニティのプラットフォームとして協議会を立ち上げ、利害関係者である地権者を中心に合意形成が図られてきた。そこでは、①街路整備や再開発、共同建て替えなどの都市計画事業にともなう住民参加の合意形成、②防災や景観形成を目的とした地区計画や景観協定などのルールづくりや、インセンティブによる建て替え促進や改修・修景支援など、③近隣関係や既存産業集積の連帯強化（防災性向上・事前復興・商店街活性化・町並み形成等）を支援する取り組みが中心であった。

このような介入方法は、地域産業や地域の人口動態が成長ないし安定しているエリアでは、非常に有効に機能する。しかし、地域産業の衰退や地域住民の建物への投資需要が減退し、空き空間が増加し続けているエリアでは、近隣関係の連帯だけでは空き空間の解消は困難であるだけでなく、これまでの地権者を対象とした合意形成やインセンティブによるエリアコミュニティへのまちづくりの介入方法だけでは、空き空間を解消することは困難となっている。

新たなまちづくりの介入方法

本稿で取り上げた事例の多くでは、このような「空き空間」を触媒として、地域

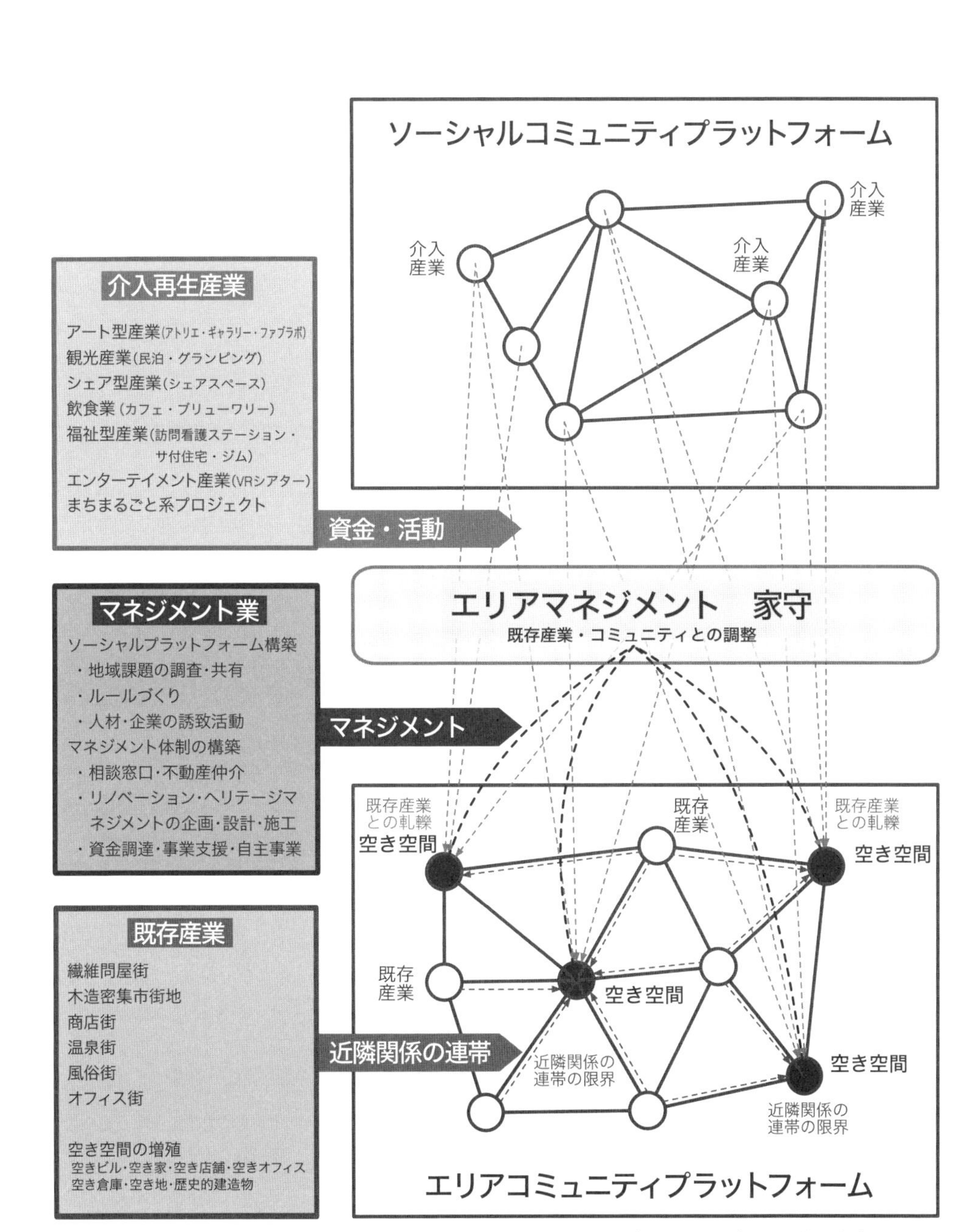

図1　ソーシャルコミュニティとエリアコミュニティをつなぐ新たなまちづくりの介入方法

に新たに介入する産業（以下、介入産業と呼ぶ）が都市に発現し始めている。たとえば、市場の家賃とのギャップを活かして地場産業との連携により発生するアート型産業、インバウンドによる民泊などの観光産業、シェアオフィス、シェアハウスなどシェアにより安定運営を行うシェア型産業など、新たな社会的テーマを持った介入産業による用途転換やリノベーションがこれら空き空間を媒介に展開している。

このような新たな社会的テーマを持った産業をエリアコミュニティに適切に介入させ、エリアブランディングを高めていくことが重要であるが、そのためには、個々の事業者では使い切れない空き空間を、まちで共用・共有（シェア）するためのマネジメント体制と、まちづくりをとおして、エリアに介入する社会的テーマを持った産業主体のプラットフォーム（以下、ソーシャルコミュニティプラットフォーム）を形成することが重要となっている。

図1は、ソーシャルコミュニティとエリアコミュニティをつなぐ新たなまちづくりの介入方法を表現したものである。

マネジメント体制の構築とソーシャルコミュニティプラットフォームの形成

本稿で取り上げた事例でのマネジメント体制は、エリアマネジメント組織として明確な組織となっている場合もあるが、シェアオフィスを運営する家守会社やまちづくり会社、まちづくりに意識的な不動産会社および建築家と自治会の連携など、各地区で呼称や形態はさまざまである。また、その役割についてもそれぞれ取り組みの幅があるが、おおむね以下の三つの役割を果たしている。

一つ目は、既存のエリアコミュニティや地域産業の課題の共有と新たな方向性をコーディネートする役割である。具体的には、地域での空き空間の調査などをとおして課題共有を図る活動や、地域の既存産業の課題調査を行い、産業の再生・遷移・転換などをコーディネートし、エリアブランディングをする活動、エリアコミュニティとの軋轢を生まないためのルールづくりなどが挙げられる。

二つ目は、空き空間に対して地域再生に関わる人材や企業を誘致し定着する役割である。具体的には、エリアの空き空間に対して相談窓口となり、エリアブランディングを生みだす用途への転換やリノベーションの企画・設計・施工・資金調達・事業支援等を提案し仲介をする活動、シェアオフィスなどの交流や活動を生みだす拠点を、時に事業主体となり挿入する活動等が挙げられる。

三つ目は、ソーシャルプラットフォームを構築する役割である。具体的には、空き家ツアーやアートイベント、多様な社会的テーマに関する連続サロン会議の開催などをとおして、エリアに関わる人材ネットワークを形成する活動などが挙げられる。

変化する制度環境や新たな介入産業の拡がり

これまで、さまざまな法制度が既存不適格物件を生みだし、空き空間の増加を生んできた面もある。しかし近年は、空き空間の活用需要の高まりに後押しされ、ス

1 エリア再生ビジョンの共有をコーディネート
エリアコミュニティや地域産業の課題共有と再生の方向性をコーディネートする役割

2 人材や企業の誘致
空き空間に対して地域再生に関わる人材や企業を誘致し定着する役割

3 ソーシャルプラットフォームの構築
エリアに関わる人材ネットワーク化によるソーシャルプラットフォームを構築する役割

図2　マネジメント体制の役割

トック活用に対する制度環境も段階的に変化してきている。

建築基準法に関しては2019年に、用途変更に対して確認申請が必要となる規模について見直しが行われ、申請不要の規模上限が100㎡から200㎡へと変更された。また、文化財保護法でも2019年、地域における歴史的建造物に対して総合的な保存と活用を重視する形で法改正がなされた。また、歴史的建造物などに対しては、建築基準法の一部を適用除外しつつ、適切な安全性を別途講じるための条例や、自治体の独自条例で歴史的建造物の解体に対して届出制とするなど、既存不適格に対してストックの適切な保全や活用に対するさまざまな法改正も段階的に進められている。一方では、空き空間の活用需要が大きくなることで、既存産業やエリアコミュニティとの摩擦も発生し、民泊新法等に代表される、新たな介入産業に対する法制度の改正もなされてきている。

新たな社会的テーマを持った介入産業の多様性も生まれている。空き空間の需要としては、先述の地場産業と連携したアート型産業、民泊などの観光産業、シェアオフィスやシェアハウスなどのシェア型産業のほかに、社会的包摂（＝ごちゃまぜコミュニティ）や地域包括ケア等の実現を目指す福祉型産業、スローフード運動などと連携した飲食産業、都市を演出するエンターテインメント産業、さらには、単体の空き家活用だけではなく、地域にある空き空間をネットワークさせて活用する「まちまるごと系プロジェクト」[注1]など、エリア価値の向上につながるさまざまな介入の方法が取り組まれている。

注1　地域にある空き空間を施設のようにネットワークさせて活用する取り組みを、筆者は「まちまるごと系プロジェクト」と呼んでいる。たとえば、仏生山温泉の「まちぐるみ旅館」、瀬戸市の「まるっとミュージアム」、海士町の「島まるごと図書館」、蒲郡市の「まちじゅう食べる水族館」など、各地でさまざまな取り組みが生まれている。また、社会的包摂を実現するため、「ごちゃまぜのまちづくり」をテーマに、空き家や空き地を利活用し、子どもから高齢者、障害や疾病の有無・国籍等にかかわらず地域に暮らすすべての人たちの共生拠点を実現した、輪島市の「輪島カブーレ」などのより発展的な取り組みも生まれている。

また、それら介入産業を支える資金確保の方法についても、ふるさと納税やクラウドファンディングなどの寄付行為はもちろんのこと、地域電力による電気料金の一部を地域に再投資する取り組み、介護保険など、社会的なテーマを持った介入産業に対して多様な資金確保のアプローチが試みられている。

将来的には、地方分権一括化法が目指す、エリア価値向上のための多様な目的税（宿泊税・入湯税・森林環境税等）の創設やＢＩＤなどによる地区を特定した課税などにより、適切なエリアマネジメントの財源が確保されていくこと、また一方では、シェアリングエコノミーや社会的事業に対する市民意識の醸成や地域銀行による適切な事業性の見極めと融資により、新たな介入産業が産まれやすい土壌を創ることが期待される。

（益尾孝祐）

5-6

再生のマネジメントと事業手法の選択

日本は、人口減少が進み、脱成長の時代に入ったと言われるが、市街地整備手法の代表的手法である市街地再開発事業の数は着実に増えており、個別のビルの建て替えも進んでいる。一方、大都市のビジネス拠点周辺部や大都市周辺部では、敷地が狭小などの理由で建て替えが進まず、老朽化した住宅やビルが多く旧耐震基準の建築物の割合が40％を超える地域などが存在し、自主的な建て替えに任せただけでは整備が進まないエリアや再開発事業等の実施が難しいエリアが存在する。こうしたエリアでは、建て替えが進まないだけではなく、住民やビルオーナー、テナント経営者が高齢化している、地域のコミュニティが弱くなっている、歴史的な伝統文化が失われつつある、産業の構造転換により従来の産業が空洞化し始めているなど、課題を抱えている場合が多い（図1）。

では経済活動が完全に停滞しているのかというと、狭小敷地に戸建て住宅やマンション、ホテルが建つなど、都心近接ならではのポテンシャルを

図1　産業の構造転換により空き店舗が増えた地区

示す場合もある。また、最近では、ビジネス拠点に近接しているにもかかわらず賃料が比較的安いことから、若手起業家のオフィスや活動拠点として活用される場合や、地域の再生を目指した地元企業等によるリノベーションが行われるなど、地域のイメージを変化させるような動きも出ている。

人口減少、超高齢社会、防災や減災、産業の活性化、環境負荷の低減等の社会課題に対応し、既存の手法では地域課題の解決が難しい地域において、潜在的なポテンシャルをうまく引きだし、市街地をこれからの時代に合うよう再構成するための有効な手立てを探そうとするのが本書の目的の一つであるが、ここでは、インナーコミュニティ再生におけるマネジメントと事業手法の選択に視点をあててその方法を考察する。

インナーコミュニティ再生におけるマネジメント

(1) 小さな事業の連鎖的、面的展開

これまでは、地域再生の手段と言えば、市街地再開発事業や土地区画整理事業といった、ある程度のまとまった区域において土地利用の効率を高めながら公共施設の整備を行う手法をイメージする場合が多かった。では、こうした手法が適用できない場所はどうするべきか。もちろん、再開発事業のような手法を使わなくても、個別のビルオーナーが建て替えや改装を行い、テナントを誘致するなどして市街地は更新されていくわけだが、本書で取り上げているのは、地域課題の解決や新たな

まちづくりの方向性を示すといった、より積極的な意味を持つ個々の建て替えやリノベーションのような小規模な事業や活動である。さらに、個々の取り組みにとどまらず、小規模ながら複数の取り組みを連鎖させることによって、面的な広がりを持って市街地の再生に寄与するような事例である。地域資源としてのストック等があり事業が実現しても、それが単発で終わってしまっては地域再生に与える効果は限定的なものにならざるを得ない。市街地を再生させるためには、個々の事業規模は小さくても、複数の事業を展開・連鎖させ、面的な整備効果を発揮する必要がある。

(2) マネジメント主体の存在

本書に紹介されている事例のいくつかを、マネジメントと事業手法の面から整理すると以下のとおりである。

千葉県の松戸駅周辺では、「(株) まちづクリエイティブ」が、老朽化したマンションストックを転貸し、自ら改修が可能な物件としてアーティスト等に貸し出すことで新たな価値を生みだし、地域のブランディングを図りながら、賃料アップまで実現している。

東京都の神田・馬喰町地区では、問屋街の空き家問題に対し、地域企業、アフタヌーンソサエティ、オープン・A等から構成されるCET (Central East Tokyo) と呼ばれるアートイベントをとおして空き家が活用され、クリエイティブエリアとして認知されるに至った。現在でも地域の問屋で構成される馬喰町横山町街づくり株式会社がさまざまな専門家やUR[注1]と連携してビルのリノベーションを面的に展開す

注1　独立行政法人都市再生機構。英文名称「Urban Renaissance Agency」の略称。

るなど、問屋街の再生が進められている。

京都の密集市街地である粟田学区では、建築・不動産の専門知識のある人材を有する「空き家対策実行委員会」が、空き家になった町家を、宿泊施設等として活用する事業者に一定期間定期借家として賃貸し、一定期間経過後に改修されたストックがオーナーに戻る仕組みを普及させることで、空き家の解消とストック再生、地域の活性化に成功している。

名古屋市の錦二丁目では、「錦二丁目まちづくり協議会」が策定したまちづくり構想をもとに、衰退した問屋街の空き室をリノベーションして創業者を入店させたほか、市の補助を活用しながら都市型産業のベンチャー系企業の立地を支援するなどして地域を活性化させ、さらには環境にも配慮しながら歩道をウッドデッキで拡幅するなど小規模事業が展開されている。一方、経済環境が上向くことで再開発事業も立ち上がり、エリアマネジメントの拠点として活用され、小さな個別ビルの再生と再開発事業の混在による地域再生という新しい局面を迎えている。

東京都の天王洲地区では、不動産的な勢いを失いつつあったエリアに隣接する倉庫街を、複数の倉庫を所有する「寺田倉庫株式会社」が主導して、センスの良いリノベーション（図2）と低層部へのレストラン・ショップ等の誘致により、IT・デザイン系企業の立地が増加し、クリエイティブタウンとして地域イメージの再構築に成功している。

政策的な目的を持ったURによる密集市街地の再生事例として、地域の協議会や

図2　天王洲地区における倉庫の改修事例

自治体との連携のもとに、防災生活道路の整備や特定のエリアにおける集中的な土地の取得による建物更新の促進、小規模な共同化や土地交換により、建て替え促進や新たなストック創出を行うことで、新規住民の転入による地域の若返りを誘発した事例もある。

これらの事例を見ると、いずれもインナーコミュニティの再生に明確な意図を持った推進主体が存在している。その主体の成り立ちや関わり方はさまざまであるが、小規模な事業の面的な展開による地域再生には、社会的な使命のもとに、地域の物的・人的資源を活用しながら新たな価値を創出できる力を持った主体の存在が欠かせないのである。

(3) 偶発的な小さな事業のマネジメント

個々の建て替えやリノベーションのような小規模な事業によるインナーコミュニティの再生では、狙った位置に実施する再開発のような事業とは異なり、再生に活用できる事業機会は、偶発的に発生する、あるいは意図なく存在していることになる。このチャンスを的確に事業に結びつけ、市街地の再生の方向に向けて、そのつど活用していき、一定程度まとまって効果を発揮できるように統合するためのマネジメントが必要である。

また、そうしたビジネスチャンスを的確に捕まえていくためには、ある程度地域に密着して地域の信頼を得ながら一定期間地域に関わり、地域のニーズや潜在力を把握するとともに、情報が集まる構図をつくることも必要になる。

地域の状況に合わせた適切な事業手法の選択

(1) コミュニティベースの事業

インナーコミュニティ再生の主力事業は、リノベーションやオープンスペースの活用、小規模な共同化といった、小さな事業の面的展開である。小さな事業とは、投資額が小さくその分リスクも限定された事業であるが、その実施主体にも特徴がある。すなわち、地元企業や地元の建物オーナー、外部からの地域の支援者など、地域限定の実施主体となることが多く、地域の人的・物的リソースを最大限活かすという点で、コミュニティベースの事業と言える（図3）。

また、エリアの限定されたローカルな市場における経済性や、特定のユーザーに着目するとともに、地域の需要を確認しながら段階的に事業機会を拡大していくなど、独自の事業戦略のうえに成立しており、一般的な需要を背景とする不動産事業とは異なる特色を持つ。

(2) 小さな事業を成立させる企画力・デザイン力

すでにある程度の密度のある既成市街地では、大きな波及効果を期待できるまとまった未利用の土地が存在することは稀である。したがって、その場所にある小さなオープンスペースや使われていない建物を、リノベーションや建て替えをとおして、いかに有効活用するか、そしてその際にどのような主体がどういった手法で取り組み、事業として成立させるかがポイントとなる。

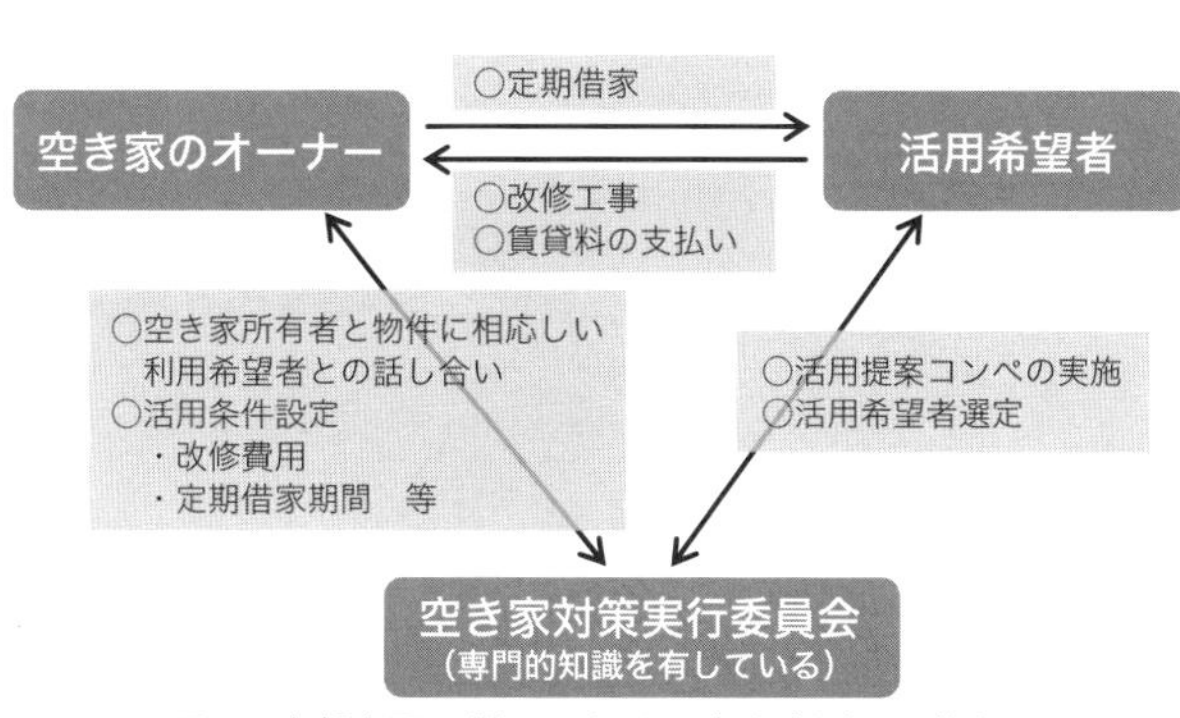

図3　京都市粟田学区における空き家活用の仕組み

また、ひと口に活用といっても、地域のポテンシャルを引きだす力のある特定のターゲットを引き込める企画力、空間提案と使用料設定が条件となる。潜在力を持ったストック（＝地域資源）を有効に活用できる「目利き」が必要なのは言うまでもないが、開発ポテンシャルがそう高くはない地域であっても事業として成立している事例を見ると、ソフトの仕掛けとともに空間としての魅力を持っており、コストコントロールを含めたデザイン力も鍵になっている（図４）。

図４　横山町馬喰町地区におけるビル再生事例

(3) 市街地のポテンシャル、状況に合った柔軟な事業手法の選択

再生事例を見ると、地域の歴史的背景、経済環境の状況や変化、地域の問題意識等は、事例によって大きく異なる。

再生の主体は、地元の組織も含め地域が主体になる場合、外部からの支援者が地域に密着して支援する場合など多様である。個々の事業手法は、土地の活用から建物のリノベーション、小規模な共同化、結果として再開発事業等にいたる場合まで多様である。また事業主体も土地・建物のオーナーが自らリノベーションを行って自ら活用する場合や、転貸する場合、外部の個人や事業者が賃借して店舗や宿泊施設等を経営する場合、コーディネーターが転貸事業を支援し民間事業者の参画を促す場合など、状況に応じてさまざまなパターンがある。

　地域のポテンシャルや目指すビジョン、活用できる地域の資源、マネジメント主体や支援者の力量、そして柔軟で的確な手法の選択のそれぞれが、無理なくつながって成立しているのである。

インナーコミュニティ再生に向けて

　本書に取り上げているインナーコミュニティの再生事例を見ると、従来型のまちづくりのアプローチとは異なってきていることが分かる。従来は、マスタープランやガイドラインといった、街の物的な整備の目的や方法がまずあって、それにのっとって公共施設の整備や再開発等をコントロールするというプロセスが一般的であった。しかし、小さな事業を面的に展開していく手法の場合、偶発的に発生した土地・建物を、その場に適したニーズに合わせて即地的に活用し、その積み重ねの結果がまちの方向性を決めていくことになる。

　もちろん、その市街地のポテンシャルや今後のありようをイメージしながら事業を展開しているわけであるが、その目指すものは、これまでのマスタープランにあるような土地利用や公共施設の整備方針をはじめとする物的・固定的なものではなく、地域の生活や生業、ライフスタイル、アクティビティといった地域の包括的な活動そのものであり、そうした将来像のもとに小さなチャレンジの連続の延長線上に描かれるイメージや方向性である。こうした小さな動きを、行政計画として最初から位置づけることは困難である。

では、このような小さな事業の面的な展開によるまちづくりを進めようとする場合、どのようなプロセスになるであろうか。まず地域主導で将来像を描いたうえで、それに向けた小さな事業の展開から取り組みが始まり、ある程度方向性が地域に共有できる状況になったのちに、これまでのマスタープランとは異なった、柔らかく、包括的な将来像として認識され、行政とも連携していくというプロセスになるのではないか。このようなアプローチの変化は、人口減少時代、脱成長時代を反映した動きであり、新しい都市計画のシステムとして捉えるべきである。今後、こうした小さな事業の面的展開を支援する専門家や組織の役割はますます重要になり、行政による支援のあり方も変わっていくものと考えられる。

（藤井正男）

5-7

市街地再生への臨床学的アプローチの提案

医学と市街地再生のアナロジー

われわれが生活する市街地の環境は、その作り手・使い手である住民、地権者、事業家、企業、政府、非営利活動団体等の多様な主体の諸活動の結果として形成されるものであり、俯瞰的に見れば、それはまるで生命を持つかのように、常に変化している。市街地の物理的・社会的環境の形成に携わるプランナーやアーバン・デザイナー、コミュニティ・オルガナイザー、建築家などの専門家の仕事は、多様な主体の諸活動によって変化し続ける市街地環境をより良い状態にうまく計画・マネジメントすることである。これは、市街地環境に関わる病気(問題)の診断、その適切な予防と治療、さらに治療の副作用の予測や防止、経過観察にいたるまでの「医者」のような取り組みであると言えよう。

人間の体は、身長や体重が増加する成長期を脱して成熟期に入り、年を重ねると、さまざまな箇所の不具合が目立つようになり、自力で不具合が解消できない場合は、

基礎医学	臨床医学
直接患者の診療に携わらない医学	病人を実地に診察・治療する医学
人体の構造や機能を研究する学問（解剖学、生理学、生化学）、臨床の基礎的事項を研究する学問（病理学、薬理学、微生物学、免疫学）	内科、外科、産婦人科・小児科・耳鼻咽喉科・眼科・精神科等

図1　基礎医学と臨床医学（出典：『広辞苑』(第7版)等より作成）

医者の診断と治療を受けることとなる。また、定期的にさまざまな検査や問診を含む健康診断を受け、体全体の現状と趨勢を把握し、必要に応じて予防の対策をしたり、治療を受けたりする。時には、過去に治療した箇所に同様のまたは新たな不具合が生じることもある。体は常に変化しているので、健康な状態を維持するためには、定期的な診断、適切な予防と治療、経過観察が必要であり、それを医学という体系化された学問に基づき実践する医者という専門家は不可欠である。

市街地も同じで、脱成長期に入った都市において、市街地環境の形成に携わる専門家には、グローバル経済・地域経済や国際政治・国内政治、地球環境といった都市を取り巻く状況を見据えながら、さまざまな調査や市民の声に基づき都市全体の現状と趨勢を分析し、問題箇所を特定し、その適切な予防と治療を行い、市街地の環境を健全な状態で持続させることが求められる。直接患者の診療に携わらない「基礎医学」に対して患者を実際に診断・治療する「臨床医学」の体系があるように、市街地環境の問題の診断・予防・治療・経過観察の一連の実践的取り組みを臨床学的アプローチとして体系化するものであると言えよう。なお、これは、渡邊・中塚・王が提案する「臨床環境学」[注1]という新しい学術的枠組みを参考にした見方である。

西洋医学的アプローチと東洋医学的アプローチの融合

ところで、医学には、体の悪い部分を特定し、それを除去または改善する「西洋医学」と、適切なツボを押さえるなどして体全体の調子を整え、体が本来持ってい

注1　渡邊誠一郎、中塚武、王智弘編『臨床環境学』名古屋大学出版会、２０１４年

る自然治癒力を回復させる「東洋医学」があり、両者の融合が試みられている。西洋医学のみでは現代社会で急増するストレスや心の不調からくる病気には十分に対応できず、東洋医学による補完が必要であると認識されているからだ。

市街地の環境の形成も理念的にはそれと似ている。問題地区の再開発やバイパス道路の整備といった西洋医学的アプローチのみでは不十分で（場合によっては問題を悪化させ）、都市の持続的に再生しようとする力（都市の自然治癒力）を引きだす東洋医学的アプローチも必要である。

医療現場では、インフォームド・コンセントが普及している。これは、患者が医学的処置や治療に先立って、それを承諾し選択するのに必要な情報を医師から受ける権利である。診断された病気（問題）に対する予防・治療の方法は複数存在し、その効果、副作用、難易度、所要時間、費用等は異なるはずである。このことについて患者に十分に説明するのは医師の責任であり、患者は情報を得たうえで予防・治療の方法（とくに、どの程度まで治療するのか）を承諾・選択する。

市街地環境の再生に関わる専門家は、市民に対して、診断の結果（＝市街地環境に関わる問題）を分かりやすく伝え、その予防や治療の方法（＝再生のアプローチ）について、いくつかの代替案を提示し、その効果や所要期間、費用等の想定を説明する。そして、市民は、得られた情報に基づき、代替案から採用すべき案を選択したり、セカンド・オピニオンなども検討して別の代替案を提示したりする。予防・治療方法の選択肢が多い成熟期の市街地環境の形成には、こうした社会的インフォー

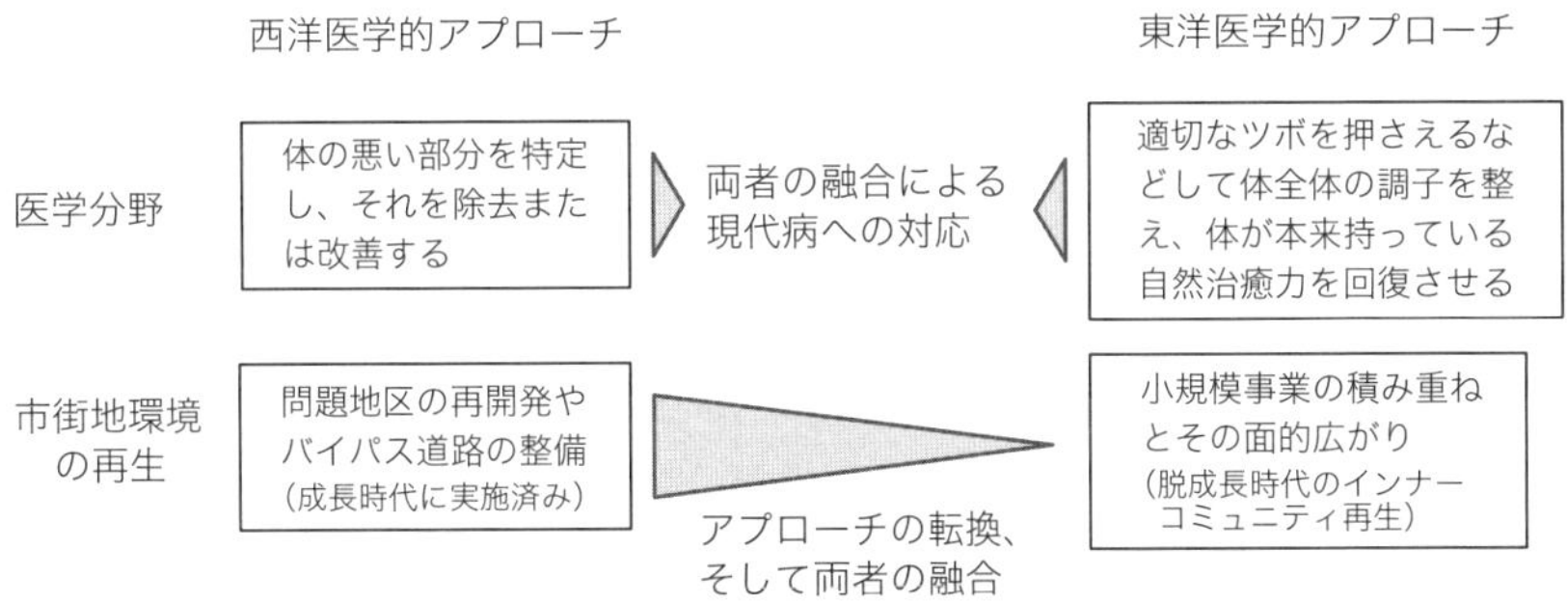

	西洋医学的アプローチ		東洋医学的アプローチ
医学分野	体の悪い部分を特定し、それを除去または改善する	両者の融合による現代病への対応	適切なツボを押さえるなどして体全体の調子を整え、体が本来持っている自然治癒力を回復させる
市街地環境の再生	問題地区の再開発やバイパス道路の整備（成長時代に実施済み）	アプローチの転換、そして両者の融合	小規模事業の積み重ねとその面的広がり（脱成長時代のインナーコミュニティ再生）

図2　医学と市街地再生のアナロジー

ムド・コンセントのプロセスも重要であろう。また、一定の治療を行った後は、その後の状況を経過観察し、必要であれば再度診断・処方・治療を行う必要がある。

インナーコミュニティの再生は、西洋医学的なアプローチの代表格である大規模再開発事業が実施されない、あるいは、それのみでは対応できない市街地を対象とすることから、適切なツボを押さえて市街地の調子を整え、市街地の自己治癒力を回復するような東洋医学的アプローチが有用であろう。ただし、それを適用するにあたっては、行き当たりばったりではなく、豊富な経験蓄積にも基づき効果的なアプローチを選択することが求められる。

（村山顕人）

参考文献

・村山顕人「「臨床都市環境学」の実践に向けて」財団法人名古屋都市整備公社名古屋都市センター『名古屋プロジェクト診断２０１０』報告書、２０１０年。

5-8

持続性から見たインナーコミュニティ再生の効用

インナーコミュニティ再生は東洋医学的アプローチをとり、まちの弱みを強みに変え、自己治癒力を高めようという態度を持つ。そして、再開発や道路整備といった外科的手術による西洋医学的アプローチでは十分に対処できない点を補完するという効用が期待される。本稿では、インナーコミュニティ再生の効用がどのように位置づけられるのか、市街地像の歴史的展開や持続性評価の規範を踏まえ、事例で見られた効用を整理・考察する。

持続性評価の規範とインナーコミュニティ再生

シャリフィによれば地区スケールを対象とする市街地像の規範のムーブメントは、田園都市、近隣住区、モダニズム、ネオトラディショナリズム、エコアーバニズムの五つに大別される[注1][注2]（図1）。エコアーバニズムは、ニューアーバニズムなどのネオトラディショナリズムの発展系として生まれ、「持続可能な開発」以降のスマートグロースやスマートシティ、レジリエントシティ、低炭素都市、ナレッジシティなど

注1　これら五つのムーブメントは、20世紀初頭から登場したさまざまなムーブメントのうち、地区スケールの市街地の物理的な計画を対象とするとともに、包括的な規範を扱うことを企図するとともに、国際的に実践されているという観点から選択されたものである。

注2　Ayyoob Sharifi "From Garden City to Eco-urbanism: The quest for sustainable neighborhood development, *Sustainable Cities and Society*, Vol. 20, pp. 1–16, 2016. 1.

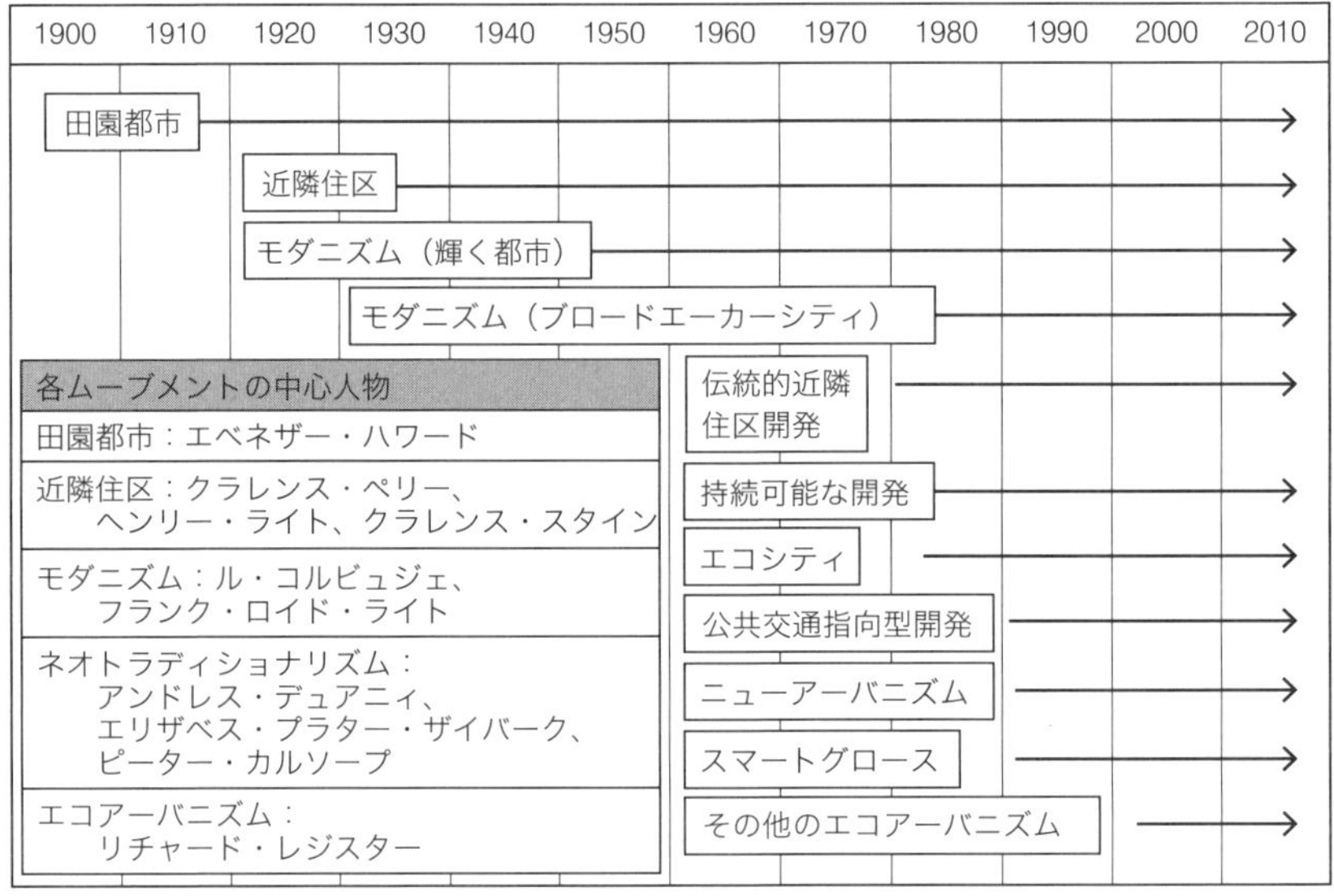

図１　市街地像の規範の歴史的展開

表１　持続性評価の規範

テーマ	規範
社会	社会的包摂（アフォーダビリティ等）
	コミュニティ施設・市民の空間
	地域性・文化・遺産・アイデンティティ
経済	職住近接
	自給自足
環境	敷地選定
	資源マネジメント
	生態系保全
	グリーンスペース
	地区内での持続可能な交通手段
	持続性認証された建物・地区
組織	多様な主体の協議・参加
	持続可能性教育
デザイン	街路の接続性
	アクセシビリティ
	コンパクトネス
	用途混合
	エネルギー効率の高いデザイン
	グリーンインフラ

エコアーバニズムに特有の規範
ネオトラディショナリズム・エコアーバニズムに特有の規範
インナーコミュニティ再生に見られた効用

も包含しているものとして整理され、包括的な規範として打ちだされている（表1）。

エコアーバニズム特有の規範は、資源マネジメントおよび生態系保全、持続性認証された建物・地区、持続可能性教育、グリーンインフラの5項目である。また、ネオトラディショナリズム、エコアーバニズムのみに見られる規範は、地域性・文化・遺産・アイデンティティおよび敷地選定、地区内での持続可能な移動、多様な主体の協議・参加、街路の接続性、用途混合、エネルギー効率の高いデザインの7項目である。

これらの規範は、持続性評価の基準に基づいたものであり、一定の包括性を有するため、効用を位置づけるのに適した枠組みである。

インナーコミュニティ再生の効用

インナーコミュニティ再生は、空き空間や取るに足らない空間を再価値化するとともに、地域の意思や学びを育み、市街地の自己治癒力を高めることで、再生を実現しており、これらの規範の多くを含んだ持続可能な市街地の実現手法である。事例に見られたインナーコミュニティ再生の効用を以降に整理し、その可能性と限界を示す。

(1) 空き空間をアフォーダブルな空間とし、クリエイティブ・クラスを誘引する

「外科手術」的な再開発には、地価の上昇や防災性の向上が見込まれるが、その急激な変化ゆえに、ジェントリフィケーションの問題が付随する。

注3　空間が市民にとって愛着や居心地の良さといった心理的価値や生活の質の向上をともなうものになること、またはそのプロセス。

一方、インナーコミュニティ問題の発生している空洞化エリアでは、地価・家賃の下落が進むなかで市場に流通していない空き家や空き室を掘りだすことで、廉価な賃料のアフォーダブルな住まい・オフィス等の供給につながっており、ジェントリフィケーションの進むエリアに代わって、イノベーションの担い手であるスタートアップ企業や、アーティスト・クリエイターを中心といったクリエイティブ・クラスの集積が見られた（神田・馬喰町、天王洲、松戸駅周辺、錦二丁目、釜川）。

(2) オープンスペースに新たに意味を与え、場所化する[注3]

従前では価値を失っていた、あるいは人のための空間としては十分な価値を持っていなかった河川や公園、道路といったオープンスペースを、エリア価値の維持・向上に寄与する市民のための空間として新たに意味を与え、場所化することで、再生に寄与することも効用の一つである。

河川の再生の事例としては、落合・中井地域の川のギャラリー、粟田学区での白川の清掃活動、釜川地区の環境調査や体験ワークショップが挙げられる。これらの取り組みは、地域外の主体が地域へ参入する機会の創出にも寄与している。

一方、公園や道路の事例としては、池袋における一連の官民連携の象徴である「南池袋公園」や、品川区天王洲アイル地区の「ボンドストリート」における再開発後の地道で継続的な小規模整備、錦二丁目地区の歩道拡幅実験である「長者町ウッドテラス」が挙げられる。また、宅地内ではあるが、公的不動産の利活用である「コートヤードＨＩＲＯＯ」では、ヨガ等の健康（ウェルネス）増進の活動の舞台と

図２　クリエイティブ・クラスの集積に伴って変化するファサード（天王洲地区）

図３　気軽に伝統工芸に触れることのできる染の小道（落合・中井地域）（出典：染の小道実行委員会）

して、オープンスペースの再生が実現された（松戸駅周辺、粟田、釜川、南池袋公園、天王洲、錦二丁目、広尾）。

(3) 「準文化資源」を保全して地域のアイデンティティを育む

重要文化財や重要伝統的建造物群保存地区に指定されるような建物については、法制度に文化資源としての明確な位置づけがあることで保全が実現されており、大規模再開発においても、復元・保全の取り組みが見られる。一方で、そのような文化資源を有する市街地は少数であり、接道条件を満たしていない建物は除却の対象になってしまうことすらある。

そのなかで、インナーコミュニティ再生では、20世紀以後に建築された町家のような「準文化資源」の保全が実現されている。これらは地域のアイデンティティの形成に寄与する資源となっている。

松戸駅周辺地区では、水戸街道沿いの築１００年以上の古民家である旧・原田米店が制作アトリエとして活用されている。また、板橋地区では、大正時代の古民家が地域のコミュニティ拠点として改修が進められている。加えて、粟田学区では、老朽化した町家がゲストハウスとして活用されている（松戸駅周辺、板橋、粟田）。

(4) 従前にないアクティビティを埋め込み、用途混合・職住近接を促進する

空き家・空き室を再生する過程で、従来の用途にはないアクティビティを埋め込むことで、用途混合の市街地形成に寄与している。そして、用途混合が進むことで、職住近接の市街地形成にも貢献している。

図４　地域住民参加を通じて再生された板五米店（板橋地区）

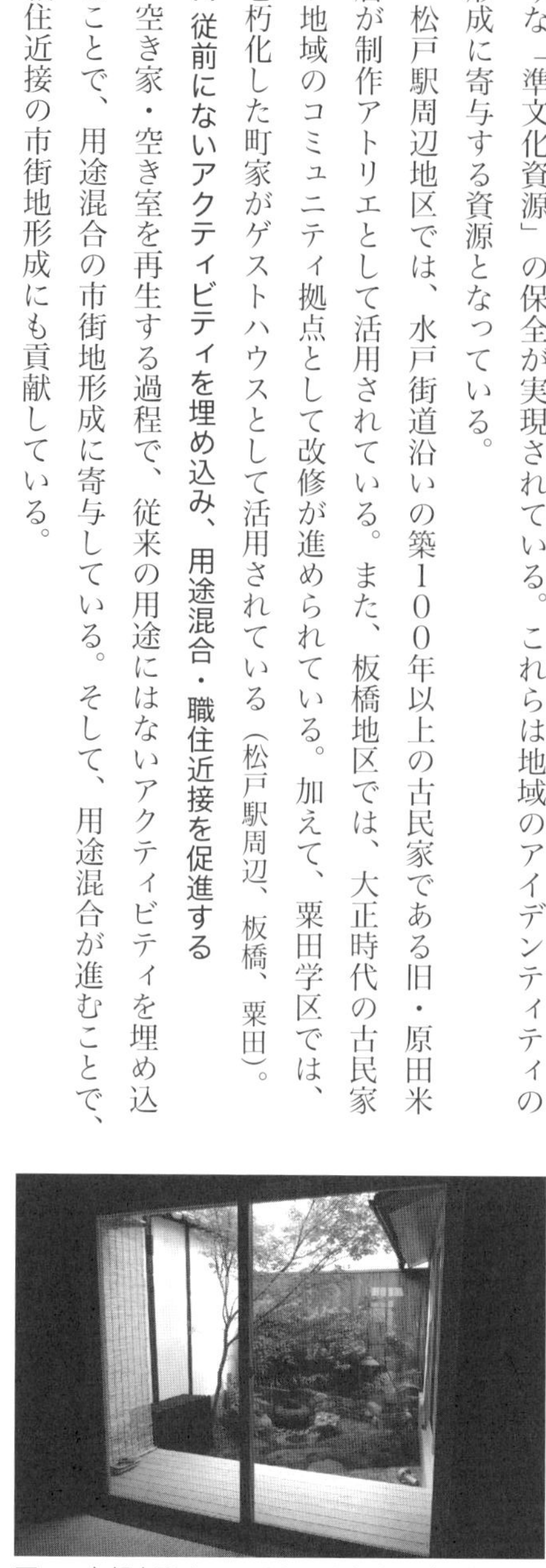

図５　内部空間までつくりこまれた町家（粟田学区）

具体的には、サードプレイスとなるカフェやギャラリー、SOHOの空間を住み開いて開催される習い事教室、短期・長期の宿泊滞在施設など、さまざまな用途が見られ、都市アメニティの創出に寄与している。とくに建物の一室程度のミクロスケールでの用途転換が進んでおり、大きなボリュームを前提とした開発では事業計画として成り立たない、多彩な用途混合が実現されている（神田・馬喰町、松戸駅周辺、粟田、広尾、釜川）。

(5) モノの流れに着目して、資源マネジメントや生態系保全に配慮する

外科的手術をともなわない代わりに、より広いスケールのモノの流れを捉え、人間の居場所となる空間形成に活かす仕組みづくりをともないながら、資源マネジメントや生態系に配慮することもインナーコミュニティ再生の効用である。

錦二丁目地区では、都市の木質化と題して、都市部での木材利用を積極的に行うことで、森林の手入れを行い、その多面的機能の保全を図っている。また、地域エネルギー事業者が中心主体の一つである板橋地区では、再生可能エネルギーの活用と地域拠点の整備をあわせて行うことで、既存の建物に再投資する仕組みが構築されている（錦二丁目、板橋）。

(6) 時間をかけて、地域の意思を醸成・反映する

都市計画事業においては、実施主体である組合組織が先行して検討を進めることによって、結果的に町会や商店会といった地域組織との利害対立が生じることがある。一方、インナーコミュニティ再生では、都市計画事業というアクセルがない

図6　ミクロなスケールでの用途転用を図る MAD City（松戸地区）

図7　公共空間に設置していたベンチの木材をインテリアで二次利用した綿覚ビル（錦二丁目地区）

（あるいは緩い）状況下で、取り組みにじっくりと時間をかけることができ、地域組織も歩調を合わせて参画している。その結果、エリアイメージが地域で醸成されていく。たとえば将来、任意の建て替えや市街地再開発事業が起こったときには、地域の意思やビジョンを示すことで、エリアイメージの一貫性を担保しエリア価値向上につなげることができるように景観・都市計画のルールがつくられていく。

馬喰町では、CETを契機として、地域の繊維問屋組合が主体となって、従前の地区計画よりも厳しいデザインコードを含んだビジョンを策定した結果、当該エリアでは約20年ぶりとなる地区計画の改定にいたった。また、錦二丁目地区では、地域組織のまちづくり構想や関連する諸活動により、地区内の市街地再開発事業と地区計画のなかで、エリアマネジメント拠点の整備や会所の整備が実現した（神田・馬喰町、錦二丁目）。

また、地域の回復力の強化も地域の意思を醸成することによる効用である。レジリエンスという概念は、発災時における抵抗力と発災後の回復力の二つに分けられる。市街地再開発事業や土地区画整理事業等の都市計画事業による公共施設整備・不燃化の取り組みでは、抵抗力の向上は見込まれる一方で、回復力は必ずしも担保されない。

一方、インナーコミュニティ再生では、従前居住者用賃貸住宅の整備等による生活再建や、震災リスクについて議論する事前復興まちづ

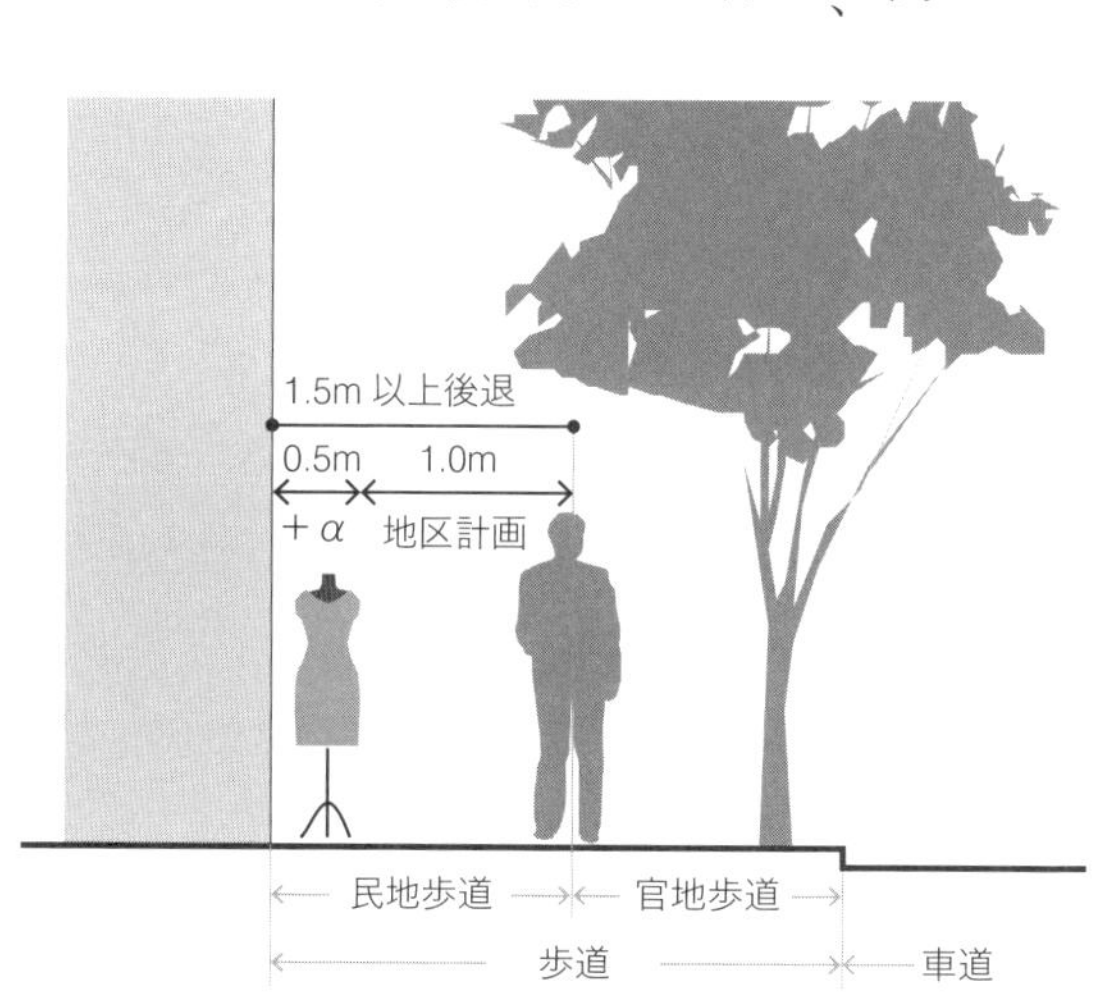

図８　地区計画に盛り込まれた地域発意のデザインコード（馬喰町地区）（出典：問屋街ヴィジョン実現のためのデザインコード説明資料）

くり訓練等を通じて、住み続けられる地域像が模索・共有されることで、回復力の強化に寄与していると捉えられる（京島三丁目、長崎）。

(7) 持続可能性に関わる学びを育む

インナーコミュニティ再生には、持続可能性に関わるさまざまな学びを育むことで、さまざまな持続可能性のテーマへの関心を高める効用がある。

錦二丁目環境アカデミーやカマガワ・クリエイティブ・スクールなどの学びの機会の創出は、低炭素まちづくりや生態系の保全といった必ずしも身近に感じられないテーマへの関心を高めている（錦二丁目、釜川）。

西洋医学的アプローチと融合したインナーコミュニティ再生の可能性

このように、インナーコミュニティ再生には、ネオトラディショナリズムやエコアーバニズムといった現代の市街地像に求められる規範が多く含まれている。インナーコミュニティ再生事例の効用を持続性評価の規範の5テーマ（社会・経済・環境・組織・デザイン）と照合しながら次のとおり総括する。

インナーコミュニティ再生の社会・経済・組織面における効用は大きい。漸次的に展開されるプロセスのなかで、社会的包摂や多様な主体の協議・参加、持続可能性教育といった規範が実現されている。ツボ押しと形容されうる小さな投資は、用途混合を通じた職住近接や場所（プレイス）となる市民の空間を実現する。

一方、環境・デザイン面における効用は限定的である。地区内での持続可能な移

図９　クリエイティブ・クラスが学びの機会を提供するカマガワ・クリエイティブ・スクール（釜川地区）

動や街路の接続性、グリーンインフラ等の規範の実現には、比較的大きな投資を要するため、小さな投資を中心とするインナーコミュニティ再生では、限定的な貢献しか見られなかった。また、持続性認証された建物・地区に関しては、容積率緩和を受ける一定規模以上の開発に限定されており、その他の多くの一般的な建物や公共空間への普及には課題が残る。

このように、東洋医学的アプローチであるインナーコミュニティ再生にはさまざまな役割・貢献が見られたが、決して万能なものではなく、西洋医学的アプローチと相互補完する関係にあり、それらを融合させる手法の確立が必要である。現状では、インナーコミュニティ再生が取り組まれているエリアで、徐々に市街地再開発事業をはじめとする西洋医学的アプローチが起こり始めている段階である。佐藤滋[注4]は、まちづくりでは、大きな開発と小さな事業は物理的環境としては不連続だとしても、大きな対立があるというよりは相互補完の関係にあると述べている。両アプローチの融合のありかたについては、今後さらなる研究が必要である。

（中島弘貴）

注4　Shigeru Satoh, *Japanese Machizukuri and Community Engagement History, Method and Practice*, Routledge, 2020.

参考文献

・村山顕人（分担執筆）「日本における持続可能性アセスメントの萌芽（地区スケールの持続性評価の枠組み―日本のCASBEE―まちづくりと世界の枠組み）」原科幸彦・小泉秀樹編著『都市・地域の持続可能性アセスメント：人口減少時代のプランニングシステム』学芸出版社、200～208頁、2015年7月。

5-9

インナーコミュニティ再生を支える構想・計画

インナーコミュニティの再生と都市計画

インナーコミュニティの再生は、従来の（法定の）都市計画や市街地開発の枠組みでは対応できない地域の再生を、行政や大企業ではない、中小企業やまちづくり団体、あるいは事業家が担っている。そのような取り組みに行政が主導する都市計画はどのように関係しているか、すべきか。

従来、都市計画は、「構想－計画－実現手段（規制・誘導・事業）」の枠組みで捉えられていた。「計画」は、理念的には、「構想」を実現させるための具体的な「規制」「誘導」「事業」を都市のどこでどのように適用あるいは実施するのかを定めるものである。ここで、「規制」には、土地利用・建築規制、交通規制、公共空間の使い方のルールなどがある。また、「誘導」には、デザインガイドラインやそれに基づく協議、ボーナス・システム、補助金制度などがある。そして、「事業」には、都市施設・市街地開発の事業、民間企業や個別地権者の事業、ＮＰＯや社会的企業の事業がある。

　近年、こうした「構想－計画－実現手段（規制・誘導・事業）」という伝統的アプローチが、都市における多様な主体のさまざまなアクションのスピードに合わなくなっている。こうしたなか、さまざまな実験から規制・方針・プログラムを変えていく実験的アプローチあるいは戦術的アプローチが世界中で登場している。「都市の実験室」「低炭素地区」「プラットフォーム」「実験室としての生活空間」「イノベーション・ゾーン」「実証基盤」などさまざまな名称があるが、いずれも、街区群・地区のスケールにおいて実験的な取り組みを行い、そこで成功したことを都市全体に展開していくようなアプローチである。本書で取り扱った事例も、街区群・地区スケールの実験的な取り組みであり、それらの取り組みがインナーコミュニティの他の事例やより広い範囲に波及したり、それらの取り組みを通じて、従来の都市計画を変えたりすることに期待が寄せられる。

　このように、インナーコミュニティの再生において戦術的アプローチが採用されるようになると、従来の枠組みが強固に残っている自治体の都市計画と柔軟に新しいことを試みる街区群・地区の取り組みをうまくつなぐ必要がある。本書で見てきた街区群・地区スケールのインナーコミュニティ再生の事例は、都市の部分を対象として短期的な視点で多様な主体が多様な手段で取り組むものである。自治体の都市計画は、こうした取り組みが都市の中で島状に展開されていることを前提に、それらを応援し、必要に応じて相互調整しながら、都

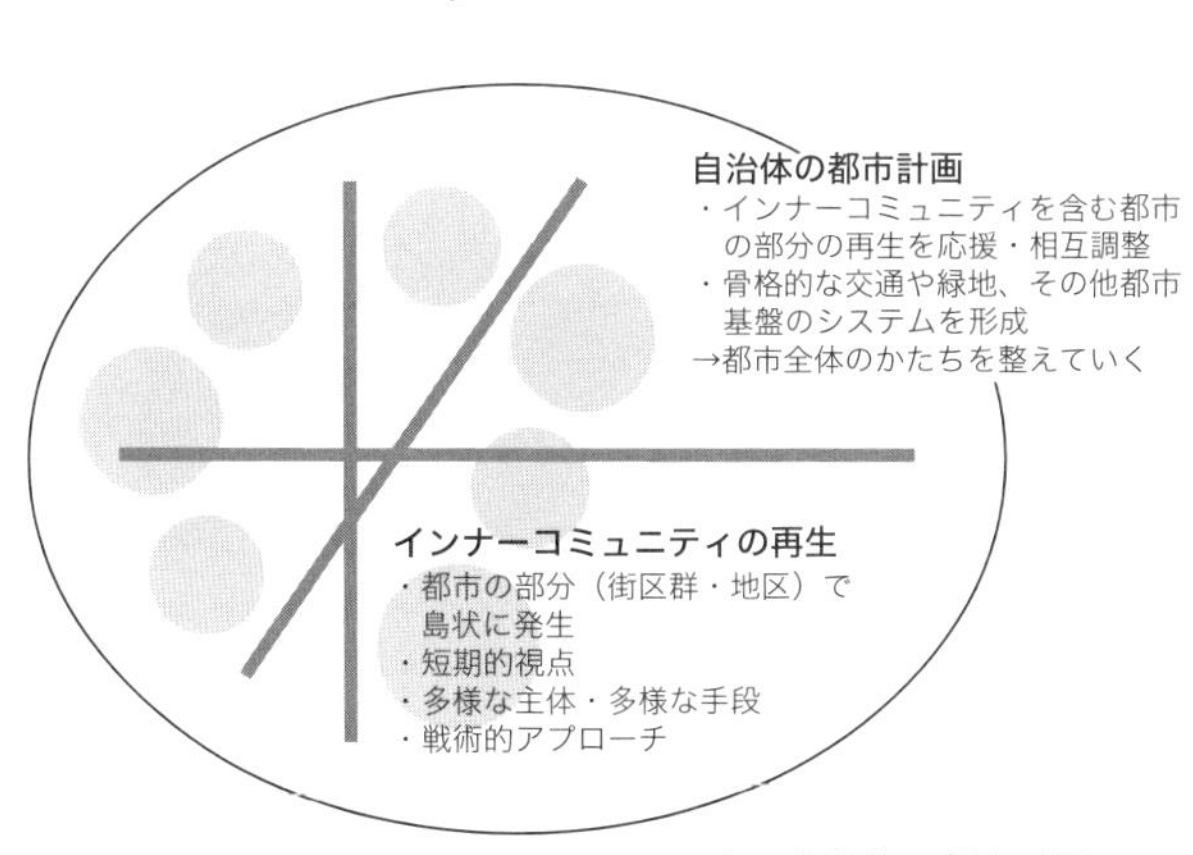

図1　インナーコミュニティの再生と自治体の都市計画

市全体のかたちを整えていくものへと大転換することが求められているのではないか。一方で、街区群・地区の取り組みでは対応できない骨格的な交通や緑地その他の都市基盤のシステムは、引き続き、自治体が主導的に形成していかなければならない。実際、近年、地域主導で策定された街区群・地区スケールのまちづくりの構想や計画を都市計画マスタープランに位置づけ、街区群・地区スケールのまちづくりと都市全体の都市計画を仕組みとして結びつける事例も増えている。

インナーコミュニティ再生の構想・計画

さて、このような枠組みでこれらの都市計画とまちづくりを捉えた場合、インナーコミュニティ再生に関わる街区群・地区スケールの構想や計画は必要か。必要だとしたら、それはどのような役割を持つから必要なのか。少なくとも、本書で扱った事例のなかには、たとえば、次のような構想や計画が存在していた。なお、ここでいう構想・計画とは、事業主体のビジョンや活動計画ではなく、インナーコミュニティに関わる住民、地権者、就業者、事業者、企業、ＮＰＯ、行政内各部局等多様な主体の羅針盤となるようなものに限定している。

神田・馬喰町地区では、千代田区街づくり推進公社を中心に「千代田区ＳＯＨＯまちづくり構想」が策定され、その実現のために現代版家守を担う主体が形成された。また、繊維問屋組合の研究会による「日本橋問屋街街づくりヴィジョン」は街並みのデザインコードを定め、中央区によるデザイン協議会の設立や地区計画の見直しにつながった。

　錦二丁目地区の取り組みは、地元の繊維問屋街の事業者、地権者らで組織されたまちづくり協議会の「錦二丁目まちづくり構想」を中心に展開されていた。同構想は、法的な位置づけはないものの、多様な主体によるハードおよびソフトの活動の羅針盤として機能する「アクション・オリエンテッド・マスタープラン（活動・事業志向まちづくり構想）」であり、新しい小規模事業を立ち上げたり、市街地再開発事業とまちづくりをつなげたりする際に、重要な役割を果たしている。その後の低炭素地区まちづくりプロジェクトやエリアマネジメントの計画も、「錦二丁目まちづくり構想」を前提に策定・実現されている。

　UR都市機構が進める密集市街地の防災と住環境整備の取り組みでは、地区計画等による規制誘導と防災生活道路の拡幅等の事業が実施されるため、そうした施策をどこでどのように展開するのかを関係者で共有する地区整備計画が存在する。最近では、防災対策や安全性の強化のために密集市街地の物理的環境を整備する「ボトムアップ」の施策だけではなく、日常生活の質の向上や地区の魅力・価値の増進を目指す「バリューアップ」の施策も展開されるようになり、今後、構想・計画の性格も変わってくる可能性があろう。

　東池袋四・五丁目地区では、１９８０年代から修復型防災まちづくりの取り組みがあるが、本格スタートしたのは、豊島区と地域住民で構成される「東池袋四・五丁目まちづくり協議会」による１９８６年の「東池袋地区まちづくり総合計画」の

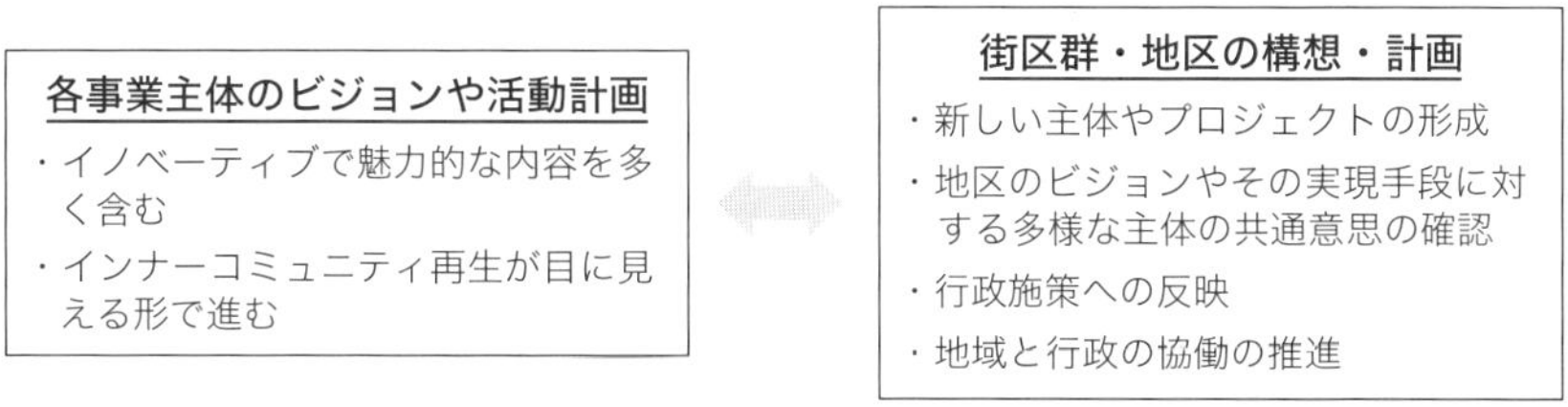

各事業主体のビジョンや活動計画	⇔	街区群・地区の構想・計画
・イノベーティブで魅力的な内容を多く含む ・インナーコミュニティ再生が目に見える形で進む		・新しい主体やプロジェクトの形成 ・地区のビジョンやその実現手段に対する多様な主体の共通意思の確認 ・行政施策への反映 ・地域と行政の協働の推進

図２　インナーコミュニティ再生における構想・計画

策定からである。これは、全面再開発型ではない「みち・いえ・ひろば」の修復型のまちづくりの形を明確に提示したもので、地区の将来像とその実現手段の共有に大きな役割を果たした。近年の幹線道路の整備とその沿道の市街地再開発事業の実施は、修復型防災まちづくりが目指す低中層の街並みに対して、一部中高層の建物を許容するものであるが、実は、それは１９８６年の計画に盛り込まれていたとも理解できる。

釜川地区では、地域の「釜川から育む会」が釜川を中心に展開されるさまざまな取り組みに一定の方向性を与える「カマガワ・シティ・ビジョン（Kamagawa city vision）」の策定が行われていた。それと並行して、宇都宮市は、景観行政のなかで、釜川地区を景観形成重点地区に指定するためのワークショップを進めている。「カマガワ・シティ・ビジョン」は、地域としての意思を示すものもので、これがあってこそ、地域と行政の協働がスタートできたと考えられる。

このようにインナーコミュニティ再生事例で登場した構想・計画を見てみると、そこには、新しい主体やプロジェクトの形成、地区のビジョンやその実現手段に対する多様な主体の共通意思の確認、それの行政施策への反映、地域と行政の協働の推進といった機能があるように思う。一方、ここでは扱わなかったが、当然ながらイノベーティブで魅力的な内容を多く含む各事業主体のビジョンや活動計画があり、それらがあってこそ、インナーコミュニティの再生が目に見える形で進んでいる。

（村山顕人）

参考文献

・村山顕人「総合的な空間計画の枠組み」日本都市センター『ネクストステージの総合計画に向けて：縮小都市の健康と空間』19～36頁、２０２０年。

・Akito Murayama: Reconsidering Urban Planning Through Community-based Initiatives, Bernhard Muller and Hiroyuki Shimizu eds.: *Towards the Implementation of the New Urban Agenda: Contributions from Japan and Germany to Make Cities More Environmentally Sustainable*, Springer, pp. 223 - 233, 2018.

・村山顕人「地区のイノベーションと都市のプランニング」２０１９年度日本建築学会大会（北陸）都市計画部門研究協議会『ローカルな動きを創発編集する都市・地域の計画フレーム資料集』25～26頁、２０１９年。

著者略歴

山村　崇（やまむら　しゅう）　序−1節、3−1節、5−3節
早稲田大学高等研究所准教授。博士（工学）。専門は都市計画。早稲田大学建築学科講師等を経て2021年より現職。主な著書に『東京大都市圏における社会経済構造の変化に伴う郊外産業圏域の変容』（早稲田大学出版部、2015年）など。

村山顕人（むらやま　あきと）　序−1節、序−2節、2−1節、5−7節、5−9節
東京大学大学院工学系研究科准教授。博士（工学）。専門は都市計画。共著に『都市・地域の持続可能性アセスメント』（学芸出版社、2015年）、『都市計画学』（学芸出版社、2018年）、『都市計画の構造転換』（鹿島出版会、2021年）など。

益尾孝祐（ますお　こうすけ）　3−4節、5−5節
愛知工業大学工学部建築学科講師。アルセッド建築研究所。博士（工学）。一級建築士。専門は都市計画・まちづくり。共著に『まちづくり市民事業』（学芸出版社、2011年）、『まちづくり教書』（鹿島出版会、2017年）など。住総研博士論賞受賞（2018年）。

市古太郎（いちこ　たろう）　4−2節、4−3節
東京都立大学都市政策科学科教授。博士（都市科学）。専門は災害研究・まちづくり。共著に『東日本大震災合同調査報告　建築計画』（日本建築学会、2016年）、『建築系のためのまちづくり入門』（学芸出版社、2021年）など。日本都市計画学会論文賞受賞（2021年）。

坂井　遼（さかい　りょう）　3−2節
株式会社マヌ都市建築研究所執行役員。修士（工学）。専門は都市計画・都市防災。

中島弘貴（なかじま　ひろき）　1−1節、1−2節、3−3節、5−4節、5−8節
東京大学未来ビジョン研究センター特任助教。博士（工学）。一級建築士。専門は都市計画。日本都市計画学会論文奨励賞受賞（2021年）。

福岡孝則（ふくおか　たかのり）　2−2節、2−3節
東京農業大学地域環境科学部准教授。博士（学術）。専門はランドスケープデザイン。編著に『海外で建築を仕事にする2　都市・ランドスケープ編』（学芸出版社、2015年）、『ＬｉｖａｂｌｅＣｉｔｙをつくる』（マルモ出版、2020年）、共著に『実践版！グリーンインフラ』（日経ＢＰ社、2020年）など。

藤井正男（ふじい　まさお）　4−1節、5−6節
独立行政法人都市再生機構、技術・コスト管理部長。修士（工学）。一級建築士、再開発プランナー。共著に『密集市街地の防災と住環境整備』（学芸出版社、2017年）、『造景2019』（建築資料研究社、2019年）など。

藤賀雅人（ふじが　まさと）　5−2節
工学院大学建築学部准教授。博士（学術）。専門は都市計画・まちづくり。共著に『日本近代建築法制の100年』（日本建築センター、2019年）、『都市計画の構造転換』（鹿島出版会、2021年）、『建築学の広がり』（ユウブックス、2021年）など。

圓山王国（まるやま　おうこく）　5−1節
東京大学大学院工学系研究科博士課程。修士（工学）。専門は都市計画。

森重幸子（もりしげ　さちこ）　1−3節
京都美術工芸大学建築学科准教授。博士（工学）。専門は建築計画。共著に『京都から考える都市文化政策とまちづくり』（ミネルヴァ書房、2019年）、『現代集合住宅のリ・デザイン』（彰国社、2010年）など。

日本建築学会　本書作成関連委員

■都市計画委員会（２０１７年度）
委員長　鵤　心治
幹　事　栗山尚子、石村寿造、樋口　秀、趙　世晨、村上正浩

■都市計画委員会（２０１８年度）
委員長　小浦久子
幹　事　阿部俊彦、伊藤香織、栗山尚子、趙　世晨、村上正浩

■都市計画委員会（２０１９年度）
委員長　小浦久子
幹　事　阿部俊彦、伊藤香織、佐久間康富、村山顕人

■都市計画委員会（２０２０年度）
委員長　野澤　康
幹　事　小林剛士、佐久間康富、藤賀雅人、村山顕人

■選択可能な市街地環境整備とインナーコミュニティまちづくり小委員会
（２０１５～２０１８年度）
主　査　村山顕人
幹　事　益尾孝祐
委　員　有賀　隆、市古太郎、坂井　遼、中島弘貴、福岡孝則、藤井正男、
　　　　圓山王国、森重幸子、山村　崇

■大都市インナーコミュニティ持続再生ＷＧ（２０１９～２０２０年度）
主　査　山村　崇
幹　事　益尾孝祐、中島弘貴、村山顕人
委　員　有賀　隆、市古太郎、坂井　遼、福岡孝則、藤井正男、圓山王国、
　　　　森重幸子

［本書紹介ページ］
https://book.gakugei-pub.co.jp/gakugei-book/9784761528010/

都心周縁コミュニティの再生術
既成市街地への臨床学的アプローチ

2021年12月10日　第1版第1刷発行

編　者………一般社団法人 日本建築学会

発行者………前田裕資

発行所………株式会社 学芸出版社
京都市下京区木津屋橋通西洞院東入
電話 075－343－0811　〒600－8216
http://www.gakugei-pub.jp
E-mail info@gakugei-pub.jp
編　集………前田裕資・山口智子

ＤＴＰ………村角洋一デザイン事務所
装　丁………見増勇介・永戸栄大（ym design）
印　刷………イチダ写真製版
製　本………新生製本

ISBN 978－4－7615－2801－0　　Printed in Japan